U0308143

育儿必知

张宇小儿推拿速效秘方集

③

张宇 王慧鸽 编著

中国中医药出版社

·北京·

图书在版编目（CIP）数据

育儿必知 / 张宇，王慧鸽编著 . —北京：中国中医药出版社，2017.8

ISBN 978 – 7 – 5132 – 4292 – 9

Ⅰ . ①育… Ⅱ . ①张… ②王… Ⅲ . ①婴幼儿—哺育—基本知识 Ⅳ . ① TS976.31

中国版本图书馆 CIP 数据核字（2017）第 138960 号

中国中医药出版社出版

北京市朝阳区北三环东路 28 号易亨大厦 16 层

邮政编码 100013

传真 010 64405750

廊坊市三友印务装订有限公司印刷

各地新华书店经销

开本 880×1230 1/32 印张 4 字数 90 千字

2017 年 8 月第 1 版 2017 年 8 月第 1 次印刷

书号 ISBN 978 – 7 – 5132 – 4292 – 9

定价 48.00 元

网址 www.cptcm.com

社 长 热 线 010-64405720

购 书 热 线 010-89535836

侵 权 打 假 010-64405753

微信服务号 zgzyycbs

微商城网址 https://kdt.im/LIdUGr

官 方 微 博 http://e.weibo.com/cptcm

天猫旗舰店网址 https://zgzyycbs.tmall.com

如有印装质量问题请与本社出版部联系（010 64405510）

前言

　　《育儿必知》，你必须知道的育儿知识尽在其中。有了这本育儿宝典，你不必再愁眉苦脸。很多妈妈感慨孩子难养，吃得好、吃得饱、穿得暖，天天风吹不着、雨淋不着的，怎么总是生病呢？奶奶心疼，姥姥发愁，妈妈煎熬，为了让孩子健康，你这么养，我那么养，意见不一致，全家吵翻了天，宝宝一有病，全家乱成一锅粥，原因在哪呢？无外乎就是生活细节不知道、没做好。比如，痘疹病毒体内憋，零食吃多伤脾胃，鱼虾吃出毒素存，肉食多吃生痰饮，油炸食品耗肝血，夜宵脾胃伤又伤，穿得太暖火上冲，运动太少血不动，抗生素过用杀免疫，病后不懂调养法，喂养方式错又错，食物吃得火上火，体寒多食瓜果凉，脾胃坏掉全身病，病无休止毁人生。

　　为了解决宝贝和家长的困苦，本书帮你捋顺思路，告诉你正确的喂养办法，常见病如何辨证、处理，不打针、不吃药，缓解病痛，恢复健康。娃娃养好了，喜上眉梢了，没有焦虑了，全家和和美美、顺顺利利地走在人生大道上。你好了，就像我好了一样，喜悦、激动、感恩，用我的经验来帮你，我们——永远在一起。

　　本书中的穴方号是继本人所著《一推就好》《孕妈必知》

后的连续编排。为了不让穴方号重复而出现混乱，编排规律是：1~118号是本人课堂上教授的穴方号；119~277号是本人所著《一推就好》中的穴方号；278~355号是《孕妈必知》中的穴方号；356~390号是本书《育儿必知》中的穴方号。

感谢王慧鸽医师审定全稿。

书中所有的插图、漫画都由我18岁的女儿夏昊萱亲自设计、执笔，希望宝妈们可以更好地学习健康妙法，同时带给你和宝宝全新的视觉感受。

张宇

2017年6月

目 录

推拿篇

护理篇

喂养篇

疾病调理篇

附篇

推拿篇

推拿为什么会有用

人为什么会生病？古人早就告诉我们答案了，那就是饮食、情志、外邪、过劳、外伤等原因，导致身体经络、五脏六腑气血空虚、紊乱，各种各样的病就来了。

推拿穴位作用于气和血，可升可降，可补可泻，可通可利，可开可敛，可消可长，可增可减，从头到脚，从里到外，无处不至，所以知道了病因，对证推拿调理，就会有用。

六种推拿手法

张宇小儿推拿只有6种手法，即揉法、推法、搓法、分法、运法、梳法。

❋ 揉 法

揉法，即用拇指、食指或中指指腹按住某一穴位，不离开穴位本身，带动穴位处的皮肤、脂肪、肌肉等揉动，做左右、上下揉或顺、逆时针方向旋转。比如，揉新小横纹、揉一窝风、揉小天心、揉二人上马、揉总筋、揉合谷、揉二扇门、揉精宁、揉肾纹、揉新阳池、揉外劳宫等。

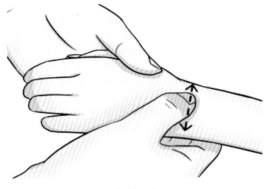

拇指揉法

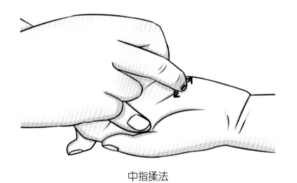

中指揉法

☀ 推 法

推法，即用单指面或多指面着力于穴位上，做直线运动的手法。推法有补虚、提气、祛火、消炎、平衡水液等功能。

推法可分为三种：

（1）补法：向心推，由末端向身体方向推（天河水穴除外）。例如，推补肾水穴、推补肺金穴、推补大肠穴、推补新板门穴、推补上三关穴、推补脾土穴、推补小肠穴、上推七节骨、上推腹等。

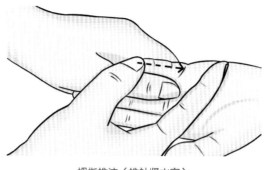

拇指推法（推补肾水穴）

（2）泻法：离心推，由身体向末端推。例如，推下六腑穴、推新泻天河水穴、推泻大肠穴、推泻小肠穴、推泻肺金穴、推泻新板门穴、推泻脾土穴、推泻新四横纹穴、下推七节骨、下推胸腹等。

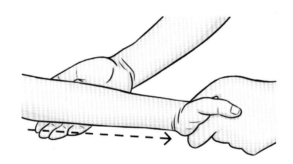

食指、中指、无名指、小指并拢推法（推下六腑穴）

（3）清法：有轻微的清热作用，即来回推（天河水穴例外，其向心推为清法）。例如，推清大肠穴、推清新四横纹穴、推清新板门穴、推清肺金穴、推清小肠穴、推清脾土穴、推清天河水穴、推清七节骨等。

拇指和第一掌骨并用的推法（清新四横纹穴）

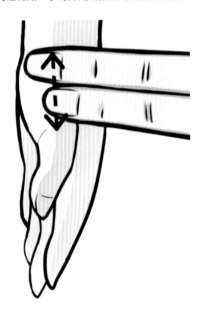

食指和中指并用的推法（清新板门穴）

☀ 搓 法

搓法，是用单手掌或双手掌放于皮肤表面反复摩擦的手法。例如，横搓胸、横搓腹、横搓背、横搓腰、横搓腰骶、上下来回搓腰背、上下来回搓四肢等。搓法可以补气、补血、活血、增加能量。

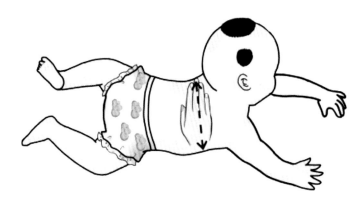

搓法一

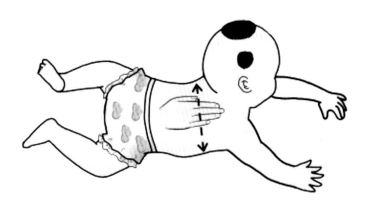

搓法二

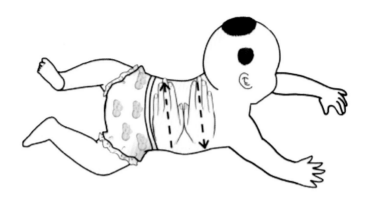

搓法三

☀ 分 法

　　分法，即用两手拇指指腹由选定的穴位向两侧平行分推，比如分推阴阳穴；或用一侧拇指指腹由选定的穴位向单侧平行分推，比如分推阳穴或分推阴穴；或用双手掌面平行向两边分推，比如分推前胸、分推后背、分推脸部等，反复操作。分法可以行气、化瘀、通经络等。

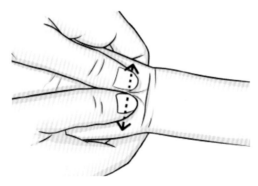

拇指分推法（分推阴阳穴）

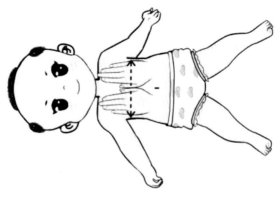

双手掌分推前胸

✳ 运 法

运法，即用推拿者的左手端平被推拿者的左手（通常以推拿左手为例来讲述，如果用右手，穴位操作方向是反着的），用推拿者的右手拇指指腹，从某一穴位开始，比如内八卦穴，做弧形或环形运动至另一穴位，反复循环操作，运八卦穴时中间不要停，操作时间结束了，在终止穴位处停下。一运调全身，八卦对应全身五脏六腑。但逆运、顺运有区分，需知晓。

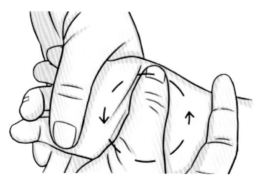

运法（逆运内八卦穴）

✳ 梳 法

梳法，即用十个手指指腹从头上前发际梳到后发际，再从后发际梳到前发际，来回梳，头两侧也是前后来回梳。用于调理头发早白、脱发、发质焦枯、不长头发、脑供血不足、大脑发育不好、脑血栓、脑出血后遗症（正在出血期忌用）、脑肿物、高血压、低血压等。

十指梳头法

🖊 单穴的位置、作用及操作要领

☀ 大肠穴

大肠穴，在食指桡侧缘，自食指尖至虎口呈一直线。将食指和中指并拢，垂直于穴位操作。分补法、清法、泻法。

（1）补大肠穴：用于大肠虚寒腹泻，或大肠有寒便秘，肺寒咳嗽、喘等。向心推。

（2）清大肠穴：止泻止咳，用于肺和大肠有微热（不是很热）。来回推。

（3）泻大肠穴：用于肠热泄泻或肠热便秘，肺或大肠火旺，肺火咳喘，因热邪而致的痔疮或肠道肿物等。离心推。

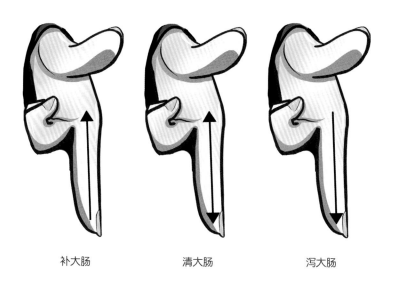

补大肠　　　　　　　清大肠　　　　　　　泻大肠

✳ 二人上马穴

二人上马穴，手背无名指、小指掌指关节之间的凹陷中，在精宁穴上方约 1cm 处的凹陷处。刺激此穴可利尿、利水，补阴水，能把上焦"虚火"引到下焦。用中指指腹插进骨缝，按住皮肤顺时针揉或上下揉。

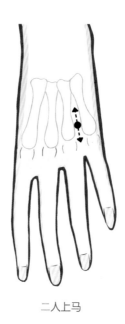

二人上马

❋ 二扇门穴

二扇门穴，握拳，在手背中指指节最高点两侧的凹陷中（相当于山峰两侧的山凹）。适用于高热无汗、咳喘，或皮肤从不出汗、干燥粗糙等。发烧时汗多不退，或平时多汗者，不适合用此穴。用食指、中指指腹插进骨缝，同时按住穴位皮肤上下揉。

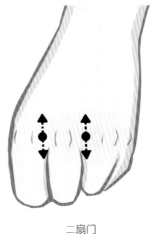

二扇门

❋ 肺金穴

肺金穴，整个无名指手掌面。将食指和中指并拢，垂直于穴位操作。分补法、清法、泻法。

（1）补肺金穴：用于肺阳虚，胃肠虚寒，阳气不足引起的咳喘、腹泻、便秘等。向心推。

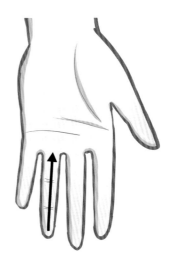

补肺金

（2）清肺金穴：用于肺和大肠有些热（但不是很热），解决咳嗽、口臭、肛裂等问题。来回推。

（3）泻肺金穴：用于肺和大肠热、发烧、热性便秘。功效：祛热止咳，利咽喉，降肺气、胃气、大肠气、肾气，化热痰。离心推。

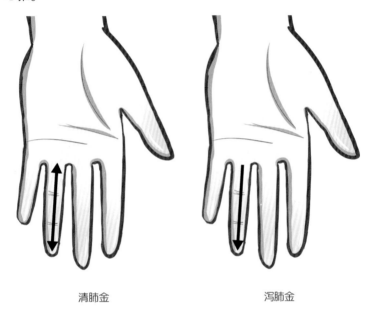

清肺金　　　　　　　　　　　泻肺金

✳ 合谷穴

合谷穴，在手背，第 1、2 掌骨之间的缝隙处。将拇指和食指并拢，骨缝处的肌肉最高点即是该穴。适用于因胃火旺引起的咳嗽、咽喉痛、呕吐、食欲不振、牙痛、大便干等症。对准穴位，用中指指腹插进骨缝，按住皮和肉，上下揉或顺时针揉。

合谷

✳ 精宁穴

精宁穴，在手背，第4、5掌指关节之间的缝隙凹陷处。功效：清肝热，化热痰，活血散瘀，破血。适用于眼睛出血、红肿疼痛干涩、流泪、眨眼、胬肉、白内障、玻璃体混浊、肝胆肿物等。用中指指腹插进骨缝，按住穴位皮肤上下揉。

精宁

☀ 内八卦穴

内八卦穴，在手掌面，从手掌心起，以圆心至中指指根横纹约 2/3 长度为半径做圆形运动，八个卦区即在此圆圈上，分别是乾、坎、艮、震、巽、离、坤、兑。有顺运八卦、逆运八卦之分。

（1）顺运内八卦穴：提气，用于阳气不足引起的腹泻、心慌气短、疲乏无力、食欲亢进、阳气下陷而致脏腑下垂等。体内有火者不能用。用拇指指腹由乾卦起，顺时针方向连续运转，中间不要停顿，最后结束时停止在兑卦。如下图所示，从蓝点乾卦起，按照蓝线顺时针方向连续不停画圆，最后在终点（红点）停下。

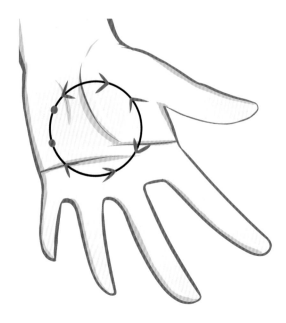

顺运内八卦

（2）逆运内八卦穴：降气，用于体内火大气逆引起的咳嗽、痰多、喘、呕吐、厌食等。用拇指指腹由兑卦起，逆时针方向连续运转，中间不要停顿，最后结束时停止在乾卦。如下图所示，从红点兑卦起，按照红线逆时针方向连续不停画圆，最后在终点（蓝点）停下。

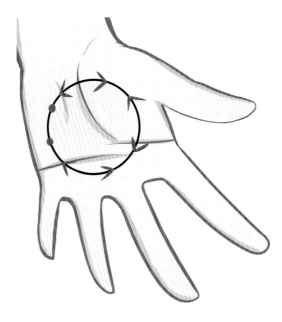

逆运内八卦

✸ 脾土穴

脾土穴，在拇指桡侧面，红白肉际处。用拇指或食指中指并拢，垂直于拇指侧面操作。分补法、清法、泻法。

（1）补脾土穴：拇指第一指节微微弯曲，向心推，由拇指尖推向拇指根，此为补法。用于脾阳虚引起的食欲不振、消瘦、吸收不好、腹泻、便次多、肚子痛、怕冷、咳嗽、咳痰、喘、发烧、血糖高等。

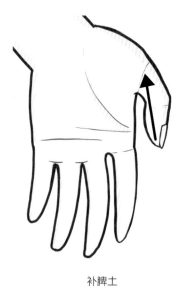

补脾土

（2）清脾土穴：拇指伸直，在拇指尖和拇指根之间来回推，此为清法。用于脾微热引起的口臭、食欲不振、便干、腹胀、咳嗽、咽喉干等。

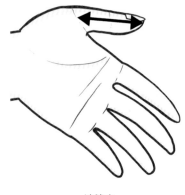

清脾土

（3）泻脾土穴：拇指伸直，从拇指根推向拇指尖，此为泻法。用于脾很热引起的口臭、食欲不振、口舌生疮、咽喉疱疹化脓、便秘、腹痛、咳嗽咳痰、喘、血糖高等。

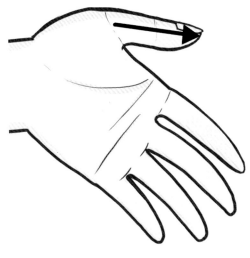

泻脾土

❋ 肾水穴

肾水穴，整个小指掌面，用拇指或将食指、中指并拢，垂直于小指侧面向心推，由小指尖推到小指根部。功效：补肝血，填充髓海，强肾益脑，对脊柱痛、牙痛、脑瘫、肾虚咳喘、脑发育不全、发育迟缓、头发焦枯、结石等效果较好。与热性穴位搭配可补肾阳，与寒性穴位搭配可补肾阴。如果体内缺水则补，不缺水则不要盲目补。肾水穴只能补不能泻，肾精决定人的寿命，不要泻元气。

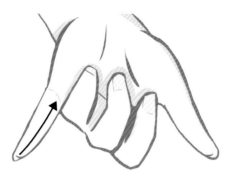

补肾水

❋ 肾纹穴

肾纹穴，手掌面，小指第 2 指间关节横纹处。功效：清心火和肝火，明目退热。适用于眼睛红肿、热痛、干涩、黄眼屎、眼出血、鼻出血、发烧等。用中指指腹或拇指指腹按住穴位，顺时针揉或左右揉。

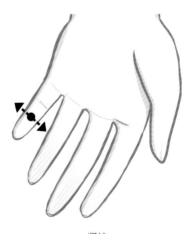

肾纹

❋ 上三关穴

上三关穴，前臂桡侧面，由腕横纹推向肘横纹呈一直线。将食指、中指、无名指、小指并拢，垂直于穴位上向心推。功效：补阳气，改善因阳气不足引起的心肌供血不足、头晕、低血压；活血化瘀（因寒致瘀），散寒气；发汗，退热（因寒发热）。

上三关

❋ 外劳宫穴

外劳宫穴，与内劳宫相对，手背第3掌骨的1/2处，稍偏桡侧。功效：祛寒，补阳气。适用于因寒腹痛或因寒关节痛，阴水过盛引起的分泌旺盛或囊肿等。用拇指指腹或中指指腹按住穴位，顺时针揉。

外劳宫

❋ 下六腑穴

下六腑穴，前臂下缘尺侧，从肘横纹至腕横纹呈一直线。将食指、中指、无名指、小指并拢，垂直于穴位上离心推。功效：凉血止血，消炎消肿，解毒退热。适用于实火引起的发热、咳喘、腹泻、出血、化脓、水肿、黄绿痰、肿瘤等。

下六腑

❋ 小肠穴

小肠穴，小指尺侧缘，在小指尖和小指根部呈一直线。用食指和中指指腹并拢，垂直于穴位操作。分补法、清法、泻法。

（1）补小肠穴：从指尖推向指根。用于胃肠虚寒所致的消化吸收不良、心阳气不足所致的心慌气短、多汗、失眠、房颤、水肿、尿闭等。

补小肠

（2）清小肠穴：在小指根和小指尖之间来回推。用于胃肠、心经有些热（不是特别热），有些虚实夹杂而引起的尿少、水肿、腹泻、心烦、尿闭。这样的人群常常是既不能补又不能泻，适合用清法。

（3）泻小肠穴：从小指根推向小指尖。用于胃肠有热之腹泻、无尿、水肿，解决心火旺之尿血、尿黄、尿少甚至尿闭、口舌生疮、心烦易怒、心绞痛、心律不齐、失眠等问题。

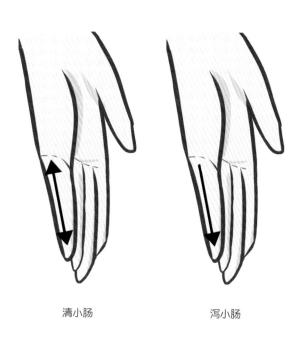

清小肠　　　　　　　泻小肠

✳ 小天心穴

小天心穴，手掌根部，大、小鱼际交接处的凹陷中。用拇指或中指指腹按住穴位，顺时针揉动。刺激此穴可以疏通全身经络，对末梢和七窍不通作用明显，还可镇静、促进睡眠、发汗退烧、止抽风、调惊吓等。

小天心

✳ 新四横纹穴

新四横纹穴，手掌面，食指、中指、无名指、小指的指根部四个横纹处。可以一个个推，但较费时间。建议把被推拿者的四个手指并拢，推拿者的拇指稍微弯一下（能照顾到小指的横纹跟其他三指的横纹不在一条线上），然后拇指和第一掌骨都绷直，放在四个横纹上同时操作。分清法、泻法。

（1）清新四横纹穴：上下来回推。适用于胃热积食（但不是很严重）、食欲不佳、腹胀、口臭、腹泻或便秘、腹痛、磨牙等。

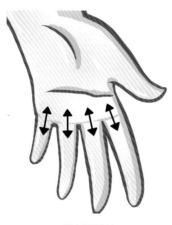

清新四横纹

清新四横纹手法

（2）泻新四横纹穴：离心推。适用于因胃热引起的肠胀气、伤食口臭、反酸呕吐、大便干燥或腹泻、胃肠溃疡、食欲不振、痔疮等。

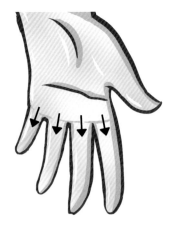

泻新四横纹

泻新四横纹手法

❋ 新阳池穴

新阳池穴，在前臂背面，一窝风穴上 1 寸多，桡骨和尺骨相交的上方凹陷中。简易取穴法：用中指的中间指节从手腕关节正中向小臂背面量起，新阳池穴距离一窝风穴正好是中指的中间指节的长度。每个人用自己的手指指节取自己的穴位，不要用你的手指去取别人的穴位，那样就不准了。功效：消头面部水肿，清脑降压，止头晕、头痛，降低颅内压，通便利尿。用中指或拇指指腹揉。

新阳池

新阳池穴的取法

✳ 天河水穴

天河水穴，前臂掌侧正中，在腕横纹中点和肘横纹中点之间呈一直线，这一直线宽度占前臂掌侧的1/3。将食指、中指、无名指、小指并拢，用指面垂直于穴位操作。

（1）清天河水穴：向心推（清法是来回推，只有天河水穴除外），自腕横纹推向肘横纹。功效：退热利尿，化心包热痰。适用于睡眠不安、说梦话等。

（2）新泻天河水穴：离心推，自肘横纹推向腕横纹。功效：泻心火，安神除烦，利尿，化热痰，消炎。适用于谵语、高烧、抽风、夜游等。

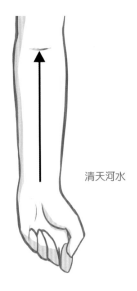

清天河水

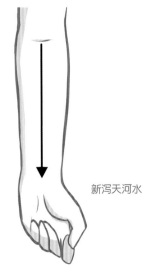

新泻天河水

✳ 新板门穴

新板门穴，在大鱼际手掌与手背交界的红白肉际处。用拇指指腹或将食指、中指指腹并拢，垂直于穴位操作。分补法、清法、泻法。

（1）补新板门穴：向心推。用于胃寒引起的消化不良、腹痛、呕吐、腹泻、发烧、咳喘等。

（2）清新板门穴：来回推。用于有些胃火但胃火不是很大导致的食欲不振、痰多、咳嗽、睡眠不好、发烧、胃阴不足等。

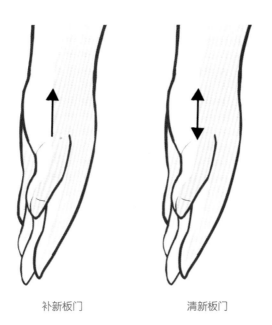

补新板门　　　　　　　　清新板门

（3）泻新板门穴：离心推。用于胃热
或胃气上逆引起的脾胃热、气滞胃痛、积
食口臭、呕吐、腹泻、发烧、咳喘等。

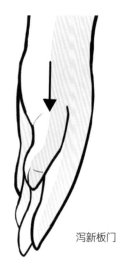

泻新板门

❋ 新肾顶穴

新肾顶穴，小指末节的整个指腹。用中指指腹或拇指指腹按
住穴位，顺时针揉动。功效：止汗，消水肿或囊肿，收敛元气。
适用于口水、汗液、尿液过多等。

新肾顶

❋ **新小横纹穴**

　　新小横纹穴，手掌面，第5掌骨和第5指骨关节间的缝隙处。用中指指腹左右揉。功效：宣通肺气，止咳化痰平喘，退热，疏肝解郁，消除肝克脾引起的腹胀等。

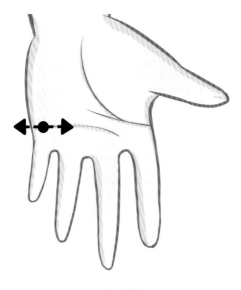

新小横纹

✳ 阴阳穴

（1）阴阳穴：手掌根部，用两手拇指指腹从小天心穴开始，同时向两侧做相反方向的平行分推，此为分推阴阳穴。功效：调理阴阳，消食化痰。适用于阴阳紊乱、消化不良、惊吓、感冒等。

分阴阳

（2）阳穴：用单侧拇指指腹只推向靠拇指大鱼际侧，此为分推阳穴。适用于体内寒邪重、阳气虚弱引起的呼吸困难、脸色苍白、造血功能障碍、怕冷、腹泻、腹痛等。

分阳

（3）阴穴：用单侧拇指指腹只推向靠小指小鱼际侧，此为分推阴穴。适用于体内火大引起的咳喘、口舌生疮、咽喉肿痛、便秘、尿痛、唇燥、脑压高等。

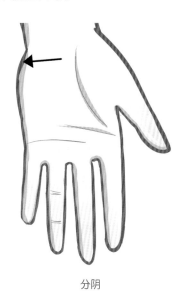

分阴

☀ 一窝风穴

一窝风穴，手背腕关节横纹正中凹陷处。用拇指指腹或中指指腹按住穴位，左右揉动或顺时针方向揉动。刺激此穴可以打开毛孔，适用于感受外邪引起的无汗、发热、流鼻涕、鼻塞、咳嗽、湿盛等。

一窝风

✸ 总筋穴

　　总筋穴，掌后腕横纹中点处（离手掌根最近的那条横纹中点）。用中指指腹或拇指指腹按住穴位，顺时针揉动或左右揉动。功效：清心火。适用于口疮、心烦易怒、睡眠不安稳、高血压、说梦话、眼干、脸红、心热引起的心脏疾病等。

总筋

📝 穴位图汇总

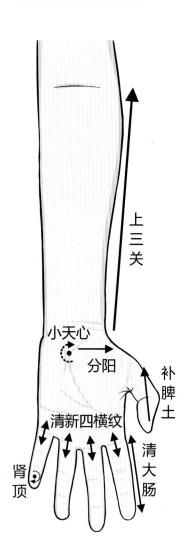

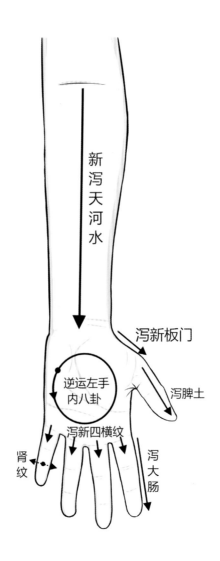

新泻天河水

泻新板门

逆运左手
内八卦

泻脾土

泻新四横纹

肾纹

泻大肠

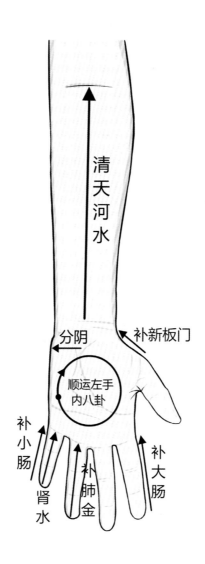

清天河水

分阴

补新板门

顺运左手
内八卦

补小肠

肾水

补肺金

补大肠

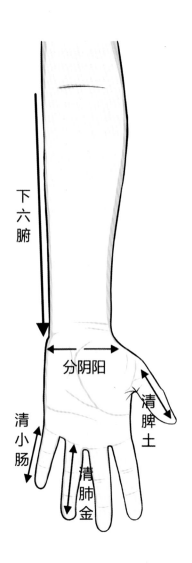

下六腑

分阴阳

清脾土

清小肠

清肺金

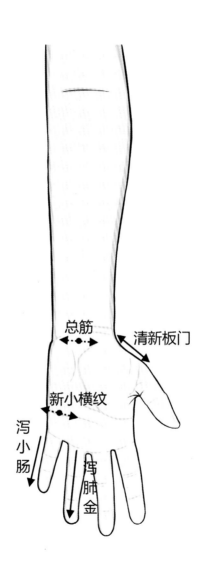

总筋

清新板门

新小横纹

泻小肠

泻肺金

✎ 推拿辨证分型

辨证，要求把全身各方面的信息搜集起来，然后加以分析归类，看看属于哪一种类型。辨证要从整体出发，不能只以某一个症状来判断全身状况，但有些时候可以从某一个症状入手来打开辨证的门。舌象只是其中一项必不可少的信息，但有时也会有假象。

正常的舌象： 大小适中，不胖不瘦，颜色红润，上面有一层薄薄的白苔。

 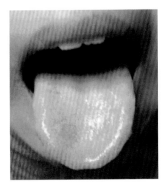

正常舌

下面介绍三种辨证分型和表现特点：

✳ 虚寒体质

表现：怕冷，脸色苍白或黄，唇白，疲乏无力，手脚冰凉，不喜欢喝水，喝水多肚子难受，受凉或吃生冷之品后腹痛或有感冒症状，厌食，发育迟缓，呕吐，腹泻，咳嗽，喘，痰多，打喷嚏，一直流清鼻涕，尿多尿清，尿床，尿失禁，吃完就拉，便软或稀，或便次多但不臭，大便失禁，因寒邪引起的肿瘤等。女士可出现月经失调或痛经，或易出现崩或漏。男士阳痿、早泄等。

舌象：舌质胖大，没有血色，舌苍白，舌面水多，舌苔白厚或无苔。

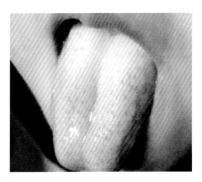

虚寒舌

❋ 实热体质

表现：怕热，能吃，脾气大，脸红，黄色或绿色眼屎较多，流黄涕，口渴，喜欢喝水，唇红干裂，口臭，容易高热，中耳炎，有黄绿痰，咽喉肿痛，口舌生疮，咳或喘，手足心烫，入睡困难，睡中大汗，大便粗干硬臭，尿黄臭、混浊，有蛋白、潜血等。患有肝病或胆病，糖尿病，高血压，脑出血，因火邪引起的肿瘤、结节、囊肿等。女士可出现月经过多、月经先期、崩漏，白带黄、绿、臭或带血丝。男士泌尿系统感染等。

舌象：舌质红，舌苔黄，舌面干。

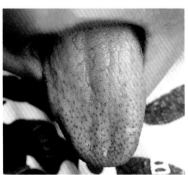

实热舌

✳ 阴虚体质

表现：体瘦，不爱吃饭，睡觉汗多，没有力气，脸上和身上一阵阵热，手足心热（个别患者阴虚久了累及阳气会出现手脚凉），有眼屎，眼睛红，眼干涩，眨眼，视力模糊，鼻咽部干疼，脱发或头发稀少，鼻出血，便干、便细或呈羊粪球状，尿黄少或尿频。患有高血压、心脏病、肝病、妇科相关疾病、肾病等。女士可出现月经不调等。男士阳痿、早泄等。

舌象：舌质薄瘦或细长，舌苔黄或无苔。

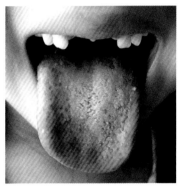

阴虚舌

推拿需要注意什么

1. 被推拿者要如实介绍发病情况，具体什么部位出现什么样的问题，出示医院的检查报告单、舌苔图、患处照片、录制的小视频等，介绍自己的精神状态、饮食情况、睡眠情况、大小便情况、用药情况等，是否旅行，是否冷热不均，全身的详细信息等都要提供，以便推拿者进行分析辨证，才能配用穴方，根据每个人的具体情况告之生活禁忌等。谎报病情，提供假信息，那都是自欺欺人。

2. 室内恒温，保持让人舒服的温度，过热容易中暑，过冷则消耗人体阳气，又容易感冒。室内空气要流通，不然会缺氧，对大脑有损害。

3. 推拿者要修剪指甲，手上皮肤保持滋润光滑，以免皮肤粗糙而刺激肌肤。推拿前要洗手，讲究卫生。

4. 只需推拿一只手上的穴位，气血就可以通达五脏六腑，起到全身调理的作用，不需要两只手同时推拿，除非是特别严重的病是可以双手同时推拿的。通常推拿左手，是因为除了方便施术者握手操作外，心脏也在左侧，推拿左手可使血液循环和能量传递相对快一些。但如果左手有问题不方便推拿则可以推右手，不过右手有些穴位的方向跟左手是相反的，比如揉法和运法，当注意。若手上局部皮肤破溃、起水疱、骨折、出血等，禁止在该处推拿。

5.取穴准确，用力适度。切记：不要推疼了，不要推出水疱，不要推青或推肿了，是否有效不在于用力的大小，而在于穴位的选择是否正确，是否对证。不过，用力也不能过轻，否则就没有效果。推拿速度以每分钟100~120次为宜，轻症或是虚寒证的病人，用力宜轻，速度宜慢，每日推拿1~2次；重症或是"火大"的人，疗程宜长，适当用力，速度要稍快些，每日多次推拿或连续推拿，根据情况随症加减。

6.新病、旧病都有的人，哪个病重就先调哪一个。

7.推拿后出汗者，要注意避外邪，或迅速将汗液擦干，以免感冒而加重病情。

8.关于推拿穴方的选择，可以选择一个穴方，每天一次或多次推拿；若是多种病因导致的疾病，可以选两个或多个穴方配合推拿，每个穴方的推拿次数视病情而定；推拿过程中或推拿之后，若有不适感，说明之前的辨证不正确，应重新辨证和选择穴方。判断病情时有时会有一些假象和个体差异，使推拿者难以正确判断，因此需要推拿者在实践中不断积累经验。推拿过程中，病人若感觉体内气行、旋转、麻、胀、跳、热、轻松舒适感、飘浮感等为正常现象。有些人不太敏感，怎么推也没感觉，此时不要去追求感觉，推拿之后症状减轻或消失说明有效。

9.推拿时避免皮肤摩擦过度，可用爽身粉、淀粉、润肤露等涂到推拿部位，以免皮肤起疱、磨破等。

推拿时经常遇到的疑惑

穴位为什么要辨证用?

穴位是有寒、热、温、凉之偏性的,所以可以纠正身体寒、热、温、凉的偏离。

如果你的身体偏寒凉,应选择热性穴位来增加体内的热量,让身体暖起来,不再寒凉。如果你的身体偏热,则用寒凉的穴位来祛除体内的热,让身体凉热均衡,不再出现症状。

推到什么时候为止?

有的是推到症状消失为止,有的是推到医院的检查结果正常为止。病轻的好得快,不分疗程,只要恢复正常即可停止推拿。病重的、病情复杂的、病程久的,急不得。经过推拿调理后,如果某个症状或几个症状有好转或消失,就是见好,继续推,直到好为止,需要一定的时间。

什么情况下需要变换穴方?

如果病情轻,推拿调理几天就好了。病情稍重一点的,推拿3天没有任何好转,需要重新辨证选穴。如果有一个或几个症状见好,说明对证,继续推,等待恢复。有的时候怎么推也不见好,说明没有找对原因,需要重新判断病情,选取有针对性的穴位。病情较重且较复杂的,可能需要15~30天甚至更长的时间才能见效,要具体看是什么样的问题,再制订方案。如果你太着急,推拿一两天或者几天就换方,换来换去,哪个方向是对的都不知道了，迷路了自然不会到达目的地。

为什么有的人见效，有的人不见效？

一是没有辨对寒热。穴位是有寒热之分的，穴位没选对，或位置没找对，肯定就没效果了。

二是没有注意忌口。反复吃跟身体寒热相反的食物，经络势必失去平衡，进而出现偏离，病邪就会一直在或加重，调好也会反复。现在这种现象在家庭里最为普遍，大人之间意见不统一，让孩子乱吃的最终结果是体质"弱爆"了。科学的吃法是根据自身的体质选择食物。

三是不注重生活细节，照顾不周也容易生病。知道冷热随时增减衣物或调解室温，这也是预防生病的方法之一。为什么上幼儿园的孩子容易反复生病，重要的一点就是照顾不周，不知道谁热了、谁冷了，不知道谁适合吃集体食物、谁不适合吃，病就来了，刚调理好再送去幼儿园又病了，原因多在此。

四是生活没有规律，起居失常，导致经络气血不正常。

五是学习、工作压力大，过劳提前消耗了气血，累出病来。遇到这种情况，必须减缓压力才行。

六是情绪原因，总是压抑、恼火、哭闹、抑郁、生气、悲伤、惊吓刺激等，会导致宝宝出现问题，只有心态平和才能把经络调理正常。

七是病深、多病共存，病情复杂，病入膏肓，不管用什么办法都很难挽救。病重，需要恢复的时间就长。病轻，稍微干预一下就没事了。恢复的速度，要看是什么病、病情轻重、是否多病共存、年龄等多种因素。先解决什么病？有生命危险的、即将导

致生命危险的、能造成身体较大损害的、症状痛苦的，一定要优先解决。

八是没有坚持推拿。成功属于坚持的人，调理身体也是如此。病轻的很快康复，病越重，病的时间越久，需要调理的时间就越长。重病不是一天积累出来的，也不是一天能完全康复的。有些人着急想一下把病治好，告诉你，与其这么着急，还不如把精力放到日常的吃、喝、拉、撒、睡、衣、食、住、行中，保养好了，即使偶尔得个小病也容易好，不然长期放纵自己又想速效，是不现实的。

什么时候需要去医院？什么时候只用推拿调理就可以？

中毒、车祸等外伤、吸入异物、脏腑器官先天畸形、大出血、脱水、严重腹痛、昏迷、休克、心跳骤停、急性尿毒症、心肺衰竭、多日持续高热不退、急性心梗、脑梗等，需要去医院救治。

一些重病在医院治疗的同时，可以配合推拿调理，效果很好，可促进疾病康复，预防并发症的出现，大大缩短疗程。大人、孩子的常见病，容易判断的（当然，有些病证需要专业人士判断），知道原因的，没有生命危险的，有时候只用推拿调理就能恢复，不需要小病大治，过度医疗。

护理篇

护理的重要性

宝宝出生了，但是大脑、五脏六腑都还没有发育健全，日后还需继续填充脑髓，增高增重，所以，只有做好细节才能让孩子少走弯路，才能提高智力，让其健康茁壮成长。这就需要大人的精心照顾和护理了。我看到太多的孩子，出生时又重又结实，就是因为养育过程中的不懂或疏忽，导致宝宝身高、体重迟滞不前，皮肤、五官等各种问题不断，外伤或疾病导致大脑异常，从此改变了命运。所以，家长的责任重于泰山，学会护理势在必行。

 新生儿护理

从宝宝出生到 28 天内为新生儿期。

✳ **新生足月儿护理**

（1）出生后马上检查宝宝的器官有没有缺少或畸形。

（2）出生后立刻断脐带，洗澡时肚脐不能碰到水，保持干燥和干净，以防感染。通常脐带 3~7 天脱落，肚脐脱落处有液体渗出的，用碘伏消毒，有出血的要就医。从出生开始，每天都看看宝宝的肚脐有没有渗出物或脐疝等。

（3）出生后几个小时内就该排胎粪，一天几次不等，胎粪有的黑色，有的绿色，有的棕色，有的黄色。

（4）刚出生的宝宝一定要根据室温穿衣，不要认为在母体里暖和，出生后就穿多盖多，这样会容易捂出热病，导致体温上升，这时赶紧撤掉被子和棉衣，温度会慢慢降下来（有病的体温升高另论）。感受了热邪，还会导致湿疹、哭闹、眼屎多等情况。

（5）出生后最快15分钟到半小时左右可以母乳喂养，也可以几小时后哺乳。母乳没下来的，先喂奶粉，按照说明冲泡奶粉，必须定点喂奶，3个小时喂1次，每日7~8次。频繁多喂易伤脾胃，反而不长个儿，吃太少又耽误生长，所以要把握好度。

（6）及时清理宝宝的鼻屎。如果鼻屎比较硬，用一两滴母乳滴进去，待软化后用小镊子夹出来。

（7）及时清理宝宝的眼屎。用无菌棉签蘸点生理盐水轻轻擦拭，以免细菌滋生。眼屎多者需要推拿调理。

（8）及时清洗宝宝的"屁屁"。宝宝排便或排尿之后，用脱脂棉沾温水擦洗屁股，勤换尿布，以免出现红屁股。

（9）观察脸色。刚出生的宝宝脸色、唇色都较红润，如果脸色、唇色突然发青或苍白，提示宝宝缺氧了，请赶紧联系医生，立刻吸氧，需要进一步排查，是否因为产程过长、胎粪污染、吸入性肺炎、先天性疾病或出血症等引起，做到第一时间处理，以免发生后遗症或是生命危险。

（10）观察哭闹。除了刚出生那一刻、饿了、尿了、拉了会哭属正常现象外，其他情况的哭闹要多加重视。宝宝不难受是不会哭闹的，一天多数时间都在睡觉，偶尔醒来玩一会儿。就算哭也不是声嘶力竭地哭，而是哭一会儿作罢。如果在喂饱的前提下持续哭，可能是肚子痛，可能是心火或肝火太旺惊痫要发作等，需要明确病因，辨证推拿。

✳ 新生早产儿护理

　　早产儿体重低，脏腑发育不健全，先天之精不足，抵抗力弱，除了足月儿那些护理之外，反应差、体重低很多的宝宝，刚出生时住一段时间的保温箱比较好。反应比较好的早产儿也要注意保暖，除了穿好衣服外，建议放到亲属的肚子上，外面用亲属身上穿的衣服把宝宝裹住，把鼻子和嘴露出来，通过这样的方式接触大人的皮肤以取暖，直到满月。不要着凉，室内不能太冷。当然，不能捂特别多，以免感受热邪而患湿疹。并发症多的宝宝需要住院治疗。早产儿尽早辨证推拿补元气，以帮助其日后健康成长。

✒ 婴儿、幼儿、学龄前儿童护理

　　从出生1个月到1周岁为婴儿期；1~3岁为幼儿期；3~6岁为学龄前儿童期。

✳ 护理囟门

　　后囟门生来就闭合，或2~3个月内闭合，都在正常范围。前囟门呈菱形，在1~1.5岁之间应该闭合，闭合前稍微凹陷，此属正常。刚出生时，前囟门平均大小约为1.5cm×2.0cm，有的宝宝稍大点，有的稍小点。囟门太大，肾经不足；囟门太小，容易头小畸形。但现在的宝宝先天营养都较好，出生时前囟门小的，没有智商问题，不作病论。前囟门鼓，说明颅压高；前囟门凹陷

太多，说明脱水、营养不良、脑部供血不足等。

前囟门处没有骨骼保护，受到外伤容易致命，一定不要撞击、用力按压、用力摇晃全身及头部等。气温低要戴上帽子，以免外邪从囟门入侵。温度不低不要戴帽子，否则会捂出脓疱疹或湿疹。头要相对保持凉，脚要保持热。头皮及前囟门处容易有垢脂等堆积，不要硬揭，用食用油泡，泡软后用梳子轻轻梳下来洗净即可。前囟门可以轻轻抚摸、轻轻清洗。

头围大小见附篇"宝宝头围表"。

❋ 观察小便

人体的尿液呈淡黄色为正常，刚出生的宝宝尿液色深点、排尿次数少点为正常。随着食量的增加，出生 1 周后排尿次数增加，大约每天 20 次，但一次尿量比较少，因膀胱小，储尿少。1 岁左右的宝宝每天排尿十几次。学龄前儿童每天排尿 6 次左右。

宝宝每天的尿量、次数和颜色个体差异比较大。通常情况下，新生儿和婴儿每天排尿量为 400~500mL，幼儿每天为 500~600mL，学龄前儿童为 600~800mL，学龄儿童为 800~1400mL。学龄前儿童每天尿量少于 300mL，婴幼儿每天尿量少于 200mL，为少尿；每天尿量少于 30~50mL，为无尿。

宝宝自出生开始，在尿窝里就用哭来表示抗议，及时更换尿布会减少尿液对宝宝肌肤和寒冷的刺激，以免出现尿疹和感冒，提高舒适感，利于宝宝休息。到 1.5~2 周岁时，白天有尿，宝宝可以主动去便盆自主排尿，白天憋不住尿就是病态，这时晚上偶尔尿床属正常，所以纸尿裤不能一直穿哦，该训练宝宝的控尿能力了。到 3 周岁时，宝宝夜间有尿也应该知道喊妈妈了，不应该尿床了。还有，每次排尿后都该擦洗"屁屁"，以免滋生细菌。

✳ 观察大便

刚出生 6~12 小时的宝宝，拉胎粪，呈黑绿色等。每天拉 3~5 次不等，持续拉 2~3 天，胎粪排净后转为吃母乳或奶粉后的便便，呈金黄色稀糊或软便，没有泡泡、没有黏液、没有奶瓣，每天 2~4 次不等，持续到满月。之后每天大便 1~2 次，或两天一次，个别宝宝偶尔 5~7 天一次，俗话称"攒肚子"，不作病论。

宝宝的正常大便为黄色软便，便次太多属消化不良。长期多日不便属便秘。有的宝宝吃母乳便次就增多，吃奶粉便次就正常，说明母乳妈妈体质、饮食等原因产生的乳汁对宝宝的胃肠有影响，调理宝宝的同时，母乳妈妈也要调理体质，改变饮食结构。

有的宝宝出生后不排胎粪，需要引起重视，赶紧排查是否有胃肠道畸形，早发现、早就医。有的宝宝出现便秘，大便干硬或多日不便，需要及时调理。

宝宝每天拉便便都要观察，便便里有没有血丝、有没有黏液，以及软硬度、颜色等是否有变化，肛门有没有裂口、有没有痔疮、有没有脱肛、有没有肿胀、有没有化脓、有没有湿疹等，如果有，则说明内脏有火或有寒等变化，此时在大便和肛周表现出来，一旦发现要及早处理，不要拖延，以免加重病情。每次拉完大便要及时清理，给宝宝清洗"屁屁"，这样既可以让宝宝感觉舒服，又可以防止感染。

✳ 如何洗澡

　　洗澡可以清洁身体，预防细菌滋生，既舒服又促进皮肤血液循环，促进睡眠，但洗澡洗不好也会洗出病来。

　　多久洗一次澡？是不是天天都要洗澡？显然不是。这要看季节和室内温度而定。小宝宝出生后就洗澡，是洗掉身上的血迹等，之后如果是夏天，室内温度28℃以上，可以天天洗。以四季分明的地区为例，如果是春天洗澡需要把浴室温度调高，可以天天洗，浴室温度低易感冒。秋天和冬天不适合天天洗澡，4~7天洗一次就好。因为秋冬主藏，洗澡是开泻，精华之气泻掉对身体不利，毛孔总开又影响防御功能，容易感受风寒而致病。热带地区例外，气温高可以天天洗澡。

　　每次洗澡的时间宜短，几分钟到十几分钟不等，身体热乎了就结束比较好。婴幼儿洗澡喜欢在水里玩耍，但不要超过20分钟，水温39~40℃为宜。洗澡时间久了，除了浴室空间小易致缺氧而头晕外，太热也容易导致脱水，还会导致皮肤血管扩张，血液过多到达皮肤，体内血容量下降而引起大脑缺血、头晕、恶心、呕吐、发烧等。

　　空腹或刚吃完饭不要洗澡，否则易引起头晕、消化不良等。生病时不要洗澡，会消耗能量，加重病情。

❋ 作息培养

　　作息规律从孕期就该好好养成，以免宝宝出生后还是习惯在肚子里的时间。出生后若出现睡眠不足，会严重影响宝宝的发育。

　　促眠法：以最舒服为度，横搓宝宝的胸腹部，横搓背腰部，上下来回搓胳膊和腿，各操作 10 分钟，天天坚持，可令宝宝快速入眠，促进生长。

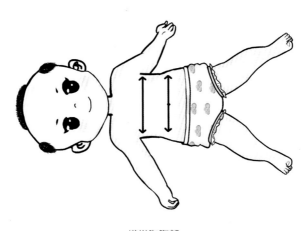

横搓胸腹部

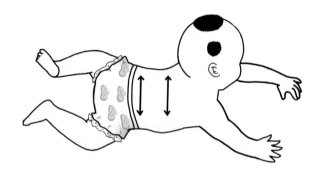

横搓背腰部

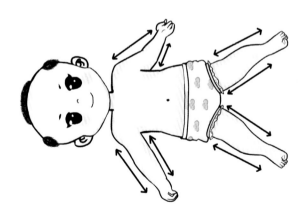

上下来回搓胳膊和腿

看看每个阶段宝宝都该睡多久——

1个月的新生儿	每天会睡20～22小时，除了吃奶、尿、便、玩，大部分时间都在睡觉
2～4个月的宝宝	每天会睡16～18小时，白天睡三四觉
4～6个月的宝宝	每天会睡15～16小时，白天睡三觉
6～9个月的宝宝	每天会睡14～15小时，白天睡两觉
9～12个月的宝宝	每天会睡13～14小时，白天睡两觉
1～3岁的宝宝	每天会睡10～12小时，白天睡一觉
3～6岁的宝宝	每天会睡10小时，白天睡一觉

良好的睡眠习惯是：每次睡觉前不能兴奋，让孩子安静下来，轻声讲故事或放舒缓的音乐，慢慢推宝宝的胸腹等，宝宝会快速入睡。每天晚上9点之前睡觉，早上7点前起床，中午12点左右睡觉，下午2点左右起床，晚上便可以按时睡觉，不然作息会乱掉，影响宝宝的健康。作息已经紊乱的宝宝，不管是几点睡的，早上建议7点前起床，之后再按时间睡、起，作息就规律了。

关于睡姿：一定要勤翻身，左侧睡、右侧睡、仰睡、偶尔趴睡，交替轮换，切忌总是一个姿势睡觉，以防把头、脸、脖子睡歪睡偏，日后影响孩子的面容。

❋ 穿衣（盖被）护理

穿衣、盖被必须根据时令、温度、天气变化而变化，才能不让身体受外邪侵袭。小孩子是纯阳之体，又好动产生热量，所以小宝宝穿衣要比大人少半件，盖被要比大人薄为宜，衣服穿到轻

微活动不出汗为好，出汗就容易感冒，盖被也是以不出汗为度。衣服穿多、被子盖多会伤阴精，表现为火象，湿疹、发烧、咳嗽等病就来了。当然，也不能穿得太少或盖得太少，过凉也会感受寒邪而生病。

❋ 环境护理

生活环境里，肯定是恒温对人体最好，忽冷忽热都需要人体去适应，适应不了则容易生病，所以要根据生活所在地的风、寒、暑、湿、燥、火等具体情况应对，热了减衣，冷了增衣。室内空气要天天更换，室内温度也要及时调控，减少患病的机会。

❋ 情志把控

喜、哭、怒、恐的情志变化需要监护人来把控，小孩从出生开始就有情志变化，感觉不舒服会哭，随着长大出现各种情绪，需要大人随时发现并及时疏导。情志对人体的影响非常大，过喜伤心和小肠，大哭伤肺和大肠，大怒伤肝和胆，惊吓伤肾和膀胱等，出现上述情形，应该尽快想办法让宝宝平静下来。有的属病态，需要调理。

❋ 运动陪伴

活动，活着就得动，可以锻炼五脏六腑的功能，但动也要有个度，运动过量也会伤及身体。从出生开始就可以帮助宝宝运动，轻轻地活动四肢关节，在一层衬衣外面搓搓全身、搓搓胳膊腿，每个部位操作 3~5 分钟，每天 1 次，可以畅通气血，提高免疫力。

宝宝 1 个月左右，抱起来练习竖头，练习蹬腿。2 个月大时让宝宝趴着练习抬头。3 个月宝宝练习翻身。4 个月宝宝扶着双侧腋下练习蹦跳，手可以很好地拿东西了。5 个月宝宝被扶着练习坐。6 个月宝宝会独立坐着了。8 个月宝宝会爬，扶着栏杆能站起来。12 个月宝宝练习独立走。

天气好的话，3 个月以上的宝宝就可以接受户外阳光了，但天太热除外，不要中暑了，太冷时不要冻着了，风太大不要吹着了，下雨注意不要被淋着。会走以后，每天陪着宝宝进行户外活动 30~60 分钟，恶劣天气除外。体内有火的孩子不适合多晒太阳，易"上火"。体内寒大的孩子适当多晒一点太阳，但也不能太过。

✳ 伤害预防

小宝宝的安危，掌握在监护人手里。初生牛犊不怕虎，说明此时的宝宝真不知道什么是危险，大人不看管好会产生严重的后果，甚至出现生命危险。身上是否有皮套等物品缠绕致组织坏死，窗户是否有安全护栏，翻身能否掉下床，宝宝爬行周围有没有伤害物，行走时会不会摔跤，电源插座是否能碰到，蜜蜂、狗、公鸡等动物能否伤害到宝宝，走路时如何躲避车辆看红绿灯，小朋友之间打闹如何保护自己，有毒食物是否告知孩子严重后果，父母的名字、电话、家庭住址有没有让宝宝熟记，万一走失学会找

警察叔叔，陌生人给的东西不能要也不能跟着他走，不给除了家人之外的人开门等诸多能伤害到宝宝的情况，都要告知。

✳ 电子产品控制

现代社会电子产品无处不在，宝宝久视就成了看管难题，再难也要控制，因为宝宝的眼睛还在发育中，很脆弱，过度疲劳，眼球容易变形，弱视、近视、远视、散光、斜视、抽动症等随之而来。电子产品看多久合适呢？如果没有眼睛疾病，建议每天只看 10 分钟为宜。已经患有眼疾的宝宝，一分钟都不要看了，可以选择听。

✳ 测量宝宝每分钟的呼吸次数、脉搏频率

测呼吸次数和脉搏频率，一定要在安静的环境下，没有发烧，没有刚吃过饭，没有运动，没有大的情绪波动，此时测量是准确的。

新生儿	呼吸40～45次/每分钟	脉搏120～140次/每分钟
1岁内	呼吸30～40次/每分钟	脉搏110～130次/每分钟
1～3岁	呼吸25～30次/每分钟	脉搏100～120次/每分钟
4～6岁	呼吸20～25次/每分钟	脉搏80～100次/每分钟

喂养篇

✎ 如何选择喂养方式

　　喂养方式分为母乳喂养、人工喂养（奶粉或纯奶）和混合喂养（母乳＋奶粉或纯奶）三种。

　　究竟哪一种方式好，妈妈们时常纠结，因为有人过度夸大了母乳喂养的功效。其实，应当根据实际情况做出选择，适合的才是最好的。如果宝妈身体健康，乳汁不寒不热，母乳喂养会让宝贝茁壮成长。假如宝妈患有传染病、肾炎、糖尿病、恶性肿瘤、精神病、癫痫、严重的心脏病或肺病等，则不适宜选择母乳喂养。宝妈如果身体不好，产生的乳汁质量也好不到哪里去，会影响宝宝的生长，这种情况选择人工喂养为宜。

　　另外，如果宝妈的乳汁跟宝宝的体质相反，宝宝吃了会发生腹泻，而吃奶粉或纯奶就不腹泻，那就选择人工喂养吧。吃什么都腹泻，那是宝宝胃肠功能不好，需要推拿调理。有的宝宝单吃母乳腹泻，再吃点奶粉或纯乳就不腹泻了，可以选择混合喂养。如果宝妈的乳汁很少，那就干脆选择人工喂养吧，这种时候还在执着于母乳喂养好，将严重影响孩子的发育。

✎ 吃得太饱为什么爱有病

　　正常人，不能一直处于工作状态，如果一直没有休息，人很快就会生病甚至危及生命。那么，我们的脾胃也是如此。总是在吃或吃得太饱，相当于无休止地让脾胃工作，脾胃累坏了就会罢

工，吃进去的东西不消化、不吸收，自然脾胃有病、肺肠有病、肝肾有病等，各个系统都依赖脾胃提供营养的来源没有了，病就都来了，今天感冒，明天发烧，后天咳嗽，继而发育迟缓，让你烦恼无休止。所以，不要吃到感觉很撑（十二分饱），也不要感觉到饱（十分饱），而是要吃到要饱但还能吃进去一些（八九分饱），下一顿饭还会有饥饿感，还想吃饭，这是在脾胃的承受范围之内，这样才能更好地消化和吸收，宝宝长得就好。

吃得太少为什么影响发育

生长发育需要营养素，那就是能量、蛋白质、脂肪、碳水化合物、维生素（如维生素 A、维生素 D、维生素 E、维生素 B1、维生素 B2、维生素 B12、维生素 C、叶酸、烟酸）、各种微量元素（如钙、铁、碘、锌），这些营养素来自哪里？来自食物。

这些营养素除了每天的消耗外，还要为长身体提供保障，所以吃得太少是大问题，对五脏六腑的损害比较大，会导致发育迟缓。

✎ 零食为何不要吃

多数零食比较干燥，这类食物对胃的损害非常大。在六腑中，胃是最怕燥的，胃喜欢润，吃进燥性食物，胃火一下就会上来，影响消化和吸收，脾胃生肺和大肠，肺火也会上来，出现咳嗽、喘、咽喉肿、发烧等症，肺和大肠相表里，便秘也随之而来。肺生肾，肺有热就生不出肾水来，肝木缺少水的濡养，肝火就会旺，肝火熏蒸，心血就亏，全身来病，影响生长发育。

零食一点都不好，你还给孩子吃吗？正确的吃法是：五谷（最主要的营养素来源）＋些许肉、蛋、奶＋些许蔬菜＋少量水果。

亲眼所见3岁多的宝宝，家长天天给零食吃，颈椎里长肿物，脖子疼得无法入睡，后来经过推拿调理，肿物缩小了，脖子也不痛了。孩子出现健康问题，有时候原因真的是出在家长身上。

✎ 鱼虾为什么有些宝宝不能吃

有些宝宝吃什么都没事，脾胃就是强壮，身体就是好，父母遗传得好。但太多的宝宝不是这样的，碰上鱼虾就来病，不管是海里的还是河里的鱼虾，千万不能吃了，谁让我们有病了呢？很多家长认为，不吃鱼虾，孩子会没有营养，这是误区。蛋白质丰富的食物有很多种，根据自身的体质选择适合自己的，补充身体的需要就足够，吃对了才能少生病，人活着并非要把所有的食物都吃全，只听宣传什么食物好就盲目跟风，很容易吃错。适合自

己的才是最好的。

　　有些食物无毒，可以天天吃；有些食物有微毒，少吃；有些食物毒大，就不能吃。鱼虾是非常发性的食物，网络上流传的海物、河物属寒性，这是误传。有的孩子一吃鱼虾就发烧，一吃就扁桃体化脓，一吃就鼻炎犯了，一吃就哮喘发作，一吃就便秘，一吃就出现抽动症，一吃就厌食，一吃就腺样体肥大，一吃就淋巴结肿大，一吃就患湿疹等。这些问题一出现，家长便一头雾水，不知道是什么原因。其实，多因吃鱼虾发出的热毒存留体内所致，轻者反复生病，重者长肿物等。总吃发物，经络会阴虚血少，毒素存留，阴阳失衡，小孩则生长缓慢，也会影响大脑发育等。

宵夜是如何损害宝宝脾胃的

　　晚上 7~11 点是人体一天中脾经和胃经得到气血濡养最少的时刻，不该吃饭，因为消化食物需要足够的气血参与，才能获取更多的养分，这个时刻脾胃气血少，功能弱，再让它们继续工作，就会伤到脾胃，吸收不良又导致脾胃不生肺，进而出现肺病，肺又克制不住肝，肝火又上来了，肺不生肾水，没水灭肝、心之火，心火又过度克伐肺，肺病雪上加霜，久而久之，恶性循环，导致全身病痛。伤脾后水液代谢不掉，存留体内，人会发胖。最该吃饭的时刻是早上 7~9 点，此时正是脾胃气血旺盛的时刻，脾胃供给你全身的营养，精神爽爽。

抗生素是如何削弱宝宝免疫力的

关键时刻药可以救命，但不能久用，不能像吃饭一样天天用。抗生素是化学药品，自然有其毒性，毒害肾，毒害肝，毒害胃肠，毒害心，毒害脑，哪个脏腑被毒害了都会像路段堵车一样，一处堵处处堵，最终道路完全不通。毒害副作用快的立刻显现，慢的若干年后显现。受到毒害的经络气血运行不畅，缺少气血，功能不佳，免疫力下降，抵抗力差，更何况用药也不是所有的病毒、细菌都能杀死。但可以肯定的是，好的细胞也会被杀死，会导致感冒不断，外邪入侵，各种病毒、细菌反倒相继感染你，一会儿血液病，一会儿肺病，一会儿肾病，一会儿肝病等，病无休止。所以，用药要有选择性，不可过度医疗，人体是有自我修复能力的，在推拿外力的帮助下，可以实现无毒调理。

为什么要按时喂养，不是按哭喂养

不管是刚出生的宝宝还是几岁大的宝宝，甚至是几十岁的大人，饮食都要有节制，小宝宝的脾胃没有发育健全，如果一直在吃，脾胃的负荷过大，就会伤食，反而导致吸收不好，出现腹泻、呕吐、腹胀、咳嗽、发烧、湿疹、睡眠不好、生长缓慢等诸多病症，但是我们又要保证人体正常的营养所需，所以要定时吃喝。

有些宝宝醒了就哭，不一定是饿了，也许是渴了，想要喝水。有人说，小孩喝奶就可以了，不需要喝水，这是误区。尤其是火

大的孩子，需要喝水降火，但喝水也要有度，过量会发生水中毒。宝宝哭，还有可能是身体哪里不舒服，家长误以为孩子要吃的，一直在喂，小宝宝对饱的控制力不是很好，等到感觉饱已经是十二分饱了，这样就容易生病。至于宝宝为什么哭，一定要排查有没有腹胀、腹痛。宝宝心火旺也会哭，要及时进行推拿调理。有的宝宝胃火太旺，导致食欲亢进，这种胃火推下去就好了。总之，需要定时喂养，不要一哭就喂。如果宝宝一直睡觉不醒，吃奶时间了，需要唤醒宝宝喂奶，时间久了不吃奶容易引起低血糖。持续不想吃奶的宝宝可能是有病了，要早发现、早调理。

✎ 如何给宝宝喝水

婴幼儿每天大约需要的水量 = 100~110（mL）× 体重（kg）。体重参见附篇"宝宝出生后到 12 岁体重、身高表"。每天除掉奶中的水（纯奶除外）及粥、蔬菜、水果等水分，就是应该摄入的水量。

从出生就可以给宝宝补充水，因为母乳没下来，宝宝不能长时间不进食，出生 15 分钟就可以吸吮妈妈的乳汁，也就是说，刚出生不久就可以喂水或奶粉，取用 37~40℃的温水，每次 15~30mL。日后在两顿奶之间喂水。如果马上要吃饭、喂奶，就不要喝水了。不能用饮料、奶制品代替水。刚吃完饭，如果吃得比较干，可以适量喝水。不要等到渴了再喝水，那样体内缺水已经达到 30% 了。火大的孩子喝水多，感染疹、痘病毒的人喝水多，肺、脾、肾水液代谢出问题的人也喝水多。发烧、呕吐、腹泻、感冒、咽喉肿痛、口腔炎、出汗多、唇干、天气热等情况，应该多喝水。

✎ 宝宝养得好是什么样的

妈妈乳汁足或人工喂养及时，宝宝每天尿量多，大便正常，每一觉睡的时间长，睡得安稳，精神活泼，反应良好，喜欢运动，互动良好，没事不哭闹，身高、体重迅速增长，这就是养得好。反之，就是养得不好。

✎ 喂奶的要求和姿势

有乳头内陷的宝妈，孕期就该按摩、牵拉乳头，每次 15~30 分钟，每日 3~4 次，以便宝宝出生后可以吸吮。在母乳喂养前，宝妈要用温水清洗乳头，以免细菌或衣服毛毛进到宝宝的嘴里。母乳太多太呛的话，妈妈要用食指和中指适当掐住乳晕周围，以免乳汁流速太快，令宝宝咳呛。每次哺乳后，挤出少许乳汁涂到乳头上，可以护肤，防止乳头皲裂。

给宝宝喂完奶后要竖着抱，让宝宝的头靠在妈妈的肩上，注意不要堵住宝贝的鼻子和嘴，用空心掌轻轻叩拍宝宝后背 5 分钟左右，让吸进胃里的气体排出来，以免发生胃胀气或溢奶。

喂奶的姿势：首先，要在宝宝清醒时喂奶，如果宝宝躺着，宝妈应该用手支撑其头部并侧卧，这样乳头会跟宝宝的嘴对齐，也可以用手把乳房托起来，乳头高度跟宝宝的嘴正好对齐，这样方便宝宝吸吮。躺着喂奶时，宝妈一定不能睡着，否则乳房容易把宝宝的鼻子和嘴堵住，极易发生窒息，必须当心。最好的喂奶方式是：妈妈坐着，把宝宝斜抱起来，侧躺在妈妈怀中，每次喂奶时间为 15~20 分钟，一侧乳房吸吮 7~10 分钟，换到另一侧继续吸吮，不要总吸一侧乳房，除了容易把宝宝的脑袋躺偏外，宝妈的乳房也会出现一个大一个小，日后影响美观。

人工喂养则要注意看奶瓶的质量和奶嘴的软硬度。一般用 45℃左右的水冲泡奶粉，充好可以喝的奶液温度在 37~40℃ 之间，奶粉与水的比例请按照说明冲泡。喂奶时，奶瓶与下嘴唇之间大约呈 45°角，这样气泡不会被吸入，又正好方便宝宝吸吮。喂奶姿势同母乳。

如何给宝宝添加辅食

为了增加婴儿生长发育的需要，宝宝从 4.5 个月开始添加米粉，就是吃辅食的开始，如何加辅食至关重要，加不好脾胃就会受伤。

刚开始米粉要冲稀一点，量要按照说明书的要求来，日后慢慢加量，切忌一下喂太多，以免宝宝消化不了。添加辅食应从少到多，从稀到稠，从细到粗。在婴儿健康、消化功能正常时添加。每次添加一种辅食，适应后再加另一种。10 个月前每天只吃一次辅食，每次只吃一到两样菜，不要大杂烩，影响消化。从 10 个月开始，每天加两顿辅食。在宝宝没长磨牙前，都要吃糊状或特别软的食物，因为磨碎食物由磨牙负责。14 个月后有了磨牙可以自己磨碎食物了，就以粮食、蔬菜等为主，奶为辅助了，这个时候可以断母乳了，加奶粉或纯奶都可以。食物和奶都要温热的比较好，免得刺激脾胃生痰饮。

水蒸蛋羹一定要做得水嫩水嫩的，千万不要蒸得干巴巴的。宝宝 6 个月开始添加，从一个蛋羹的 1/6 开始加起，逐渐加量，到 1 周岁时可以每天吃一个蛋羹的 2/3。不要吃煮蛋，太硬，增加宝宝消化的负担，容易积食。等到一岁半之后再吃煮蛋，每天吃半个，两岁半之后一天吃一个，幼儿煮蛋不能吃多，每次一个封顶。总而言之，蛋羹比煮蛋好消化和吸收。

从宝宝 7 个月开始加菜泥，必须把菜用机器打成浆，用水煮熟，尤其是菜叶也要打成浆，煮的烂也不行，不是乳糜状的东西胃消化不了。宝宝没有磨牙，不能磨碎食物，前面几颗切牙是负责切碎食物的，不能磨碎食物。

磨牙是第一道粉碎机，食物磨得越细越碎，胃越容易进一步消化，不然大片大块食物进来后胃不识别，认为不是它的工作范围，会直接进入大肠拉出去，不被消化，白吃了，所以这就是为什么有的宝宝大便里有菜叶子或块

状物等破破糟糟的没消化的东西。

1 周岁之内先不要加肉和水果，周岁后从肉汤加起，先用少量的肉汤做菜，做面条，做汤吃。水果先吃蒸熟的，慢慢过渡到喝少量果汁（温热了吃）。一岁半后吃水果，比如吃苹果：每次从 1/5 开始添加，直到 6 岁后可以一次吃一个苹果。有人说不吃水果缺乏营养，但你不知道的是，小宝宝的脾胃较弱，脾在五脏里最怕湿、凉、冷，多吃水果会生湿生痰，容易发生咳嗽、感冒、肾寒、吸收障碍等，所以吃水果要适度，保护好脾胃的正常功能是重中之重。如果食物吃得不全，可以适量添加儿童复合维生素。

✏ 维生素要不要吃

如果进食不足，维生素一定会缺乏，表现出病症，需要及时补充。平时小宝宝的生长发育较快，需要的营养素较多，日常饮食往往不能满足身体的需要，也需要补充。维生素究竟吃多少？建议去医院查一下，缺什么补什么，缺多少补多少。平时要不要补充？要，每天按照生理需要量补充。维生素是不是吃得越多越好？肯定不是，吃多会中毒，所以吃什么都要有个度。

✏ 小朋友要怎样吃糖

糖对大脑、神经有濡养作用，参与代谢，促进蛋白质合成，润肠通便，改善低血糖等，是人体重要的营养素之一。从怀孕开始一直到有生之年，不能没有糖，但不能过量。

糖摄入过量的危害：①龋齿。牙齿早早坏掉了，除了不美观，也不能完成牙齿的功能。②糖吃多了会使血糖骤高骤低，引起头晕、注意力不集中。③糖吃多了会导致缺乏维生素和微量元素，因为糖吃多了代谢增加，代谢会消耗更多的维生素和微量元素。④糖吃多了抑制食欲，厌食会导致营养不良。⑤摄入过多的糖还会使更多的糖转化为脂肪，形成肥胖。

✎ 孩子要不要吃保健品

孩子要不要吃保健品？不要吃！保健品中含有什么成分你并不知道，你的孩子是什么体质你也不知道，乱吃会吃出病的。曾见过一个女孩，6岁多开始吃保健品，吃了半年，查出性早熟。

✎ 体检有没有必要做

体检有没有必要做？有必要，尤其是小宝宝，必须定期体检，早发现问题早解决。成年人一年一次体检也是必要的，早发现疾病，趁着没有严重，赶紧调理，恢复就快。有些病，平时没感觉，等有了感觉去检查，结果就非常严重，甚至危及生命。所以，不要等病成了气候、占了上风，这时再心慌意乱，六神无主，不仅耗费财力，身体也会受到重创。还有些人受陈旧思想的

影响，有病忌讳去医院检查，这样是对自己不负责任，等病重了，病来如山倒。时代不同了，请多多爱护你自己。

✎ 吃多、吃少、吃药出现问题案例警示

吃坏实例1：宝宝出生5个月开始，每天三餐给吃牛肉、猪肉、鸡肉、鱼虾，说什么不吃没有营养。大家都该知道，1周岁以内是以奶为主，吃了这个年龄段不该吃的，脾胃受伤，吸收罢工，结果全身皮下脂肪消失，皮肤皱皱巴巴。所以，家长需要知道常识，吃要适量，不能饿着，也不能吃错，你的宝贝才会健康。

吃坏实例2：孩子4岁多，妈妈整天纠结宝宝的大便是羊粪球状。为了调大便，不给孩子吃饭，只吃一种保健品，结果孩子一下大肉瘦削，只剩骨头和皮了，宝宝不能走路，只能坐轮椅了。之后每天只给孩子吃两顿半小碗粥和一点点菜，孩子精神萎靡不振，食欲也没有了，找我调理。我告诉他妈妈，再这样下去人就没了，必须给孩子吃饱饭，制订食谱。这个妈妈说，一吃馒头干饭，舌苔就有些厚，说不敢给孩子吃，怕积食，怕拉羊粪球。我想说的是，你是为了见不到厚舌苔，见不到羊粪球，就要把孩子活活饿死吗？遇到这样钻牛角尖的妈妈，真是气

人啊！人首先应该是活着，怎样才能活着，就是吃饭！其他的小毛病不影响生存，有的人一辈子都拉羊粪球，一辈子都有点厚舌苔也活着呢！况且羊粪球、厚舌苔都可以通过推拿调理好，这点点问题不值得让孩子献出生命，怎么说就是不通。推拿后孩子精神了，愿意吃饭了，但这位妈还是不给吃产能高的食物，没有蛋白质没有脂肪等，请问怎么让孩子站起来走？无知害人啊！

吃坏实例 3：孩子 2.5 岁，脑袋很扁，头向前倾，一看动作和语言就跟正常孩子有很大的差别。为什么这样？几乎没给孩子吃过粮食、蔬菜、水果、肉蛋类食物。为什么不给吃？原因是一吃孩子就尿潜血 1+，只吃奶粉尿检就是阴性，所以家长只给孩子吃奶粉。我告诉这个家长，孩子生长都需要什么营养素，必须吃粮食。人群中会有体质差异，就像有的人体温生来就是 38℃，他并没有感到任何不适，生活了一辈子。不要总纠结这个潜血，更何况尿潜血可以通过推拿调理好。拥有高学历的父母说在网上查的，尿潜血会怎样怎样，所以就这样这样，我跟他们讲了很多，个别人尿里也有潜血，甚至携带一辈子都没事，在没有化验的岁月里，人们不知道自己的尿如何，也照样活，不能只看化验单活。随着营养的缺乏，孩子的身体会越来越糟糕，怎么讲就是不通，就在那执着于数据，孩子遇到了这样偏执的父母也是一种悲哀。

吃坏实例 4：孩子 3 岁，发烧，妈妈天天给孩子吃退热药，吃了 4 天后，宝宝的血细胞减少，医院怀疑是血液病，其中血小板减少到 3 万，孩子满身满嘴都是出血点，不吃饭，依然发烧。推拿调理后烧退了，有了食欲，红细胞、白细胞、血红蛋白都正常，血小板也在提高，推拿的同时配合冲击疗法治疗而痊愈。妈

妈们，药可以吃，但不可乱吃，是药三分毒，请遵医嘱。有时候通过推拿调理即可收到良好的效果。

✎ 新生儿如何喂养

❋ 新生儿身体脏腑特点

从出生到 28 天为新生儿阶段。刚出生 1 周内非常关键，发病率和死亡率都非常高。出生时及时清理口腔黏液，以免堵塞呼吸道而引起吸入性肺炎。结扎脐带很关键，操作不当容易出现脐疝。随时观测宝宝的脸色、唇色、体温、呼吸、心率等。小宝宝的身体对温度的调节能力差，不要捂多了，否则体温会升得很高；也不能太冷，否则易患新生儿肺炎。室内温度保持在 22~27℃为宜。

小宝宝的胃就跟他们自己的小拳头那么大，所以小小的胃很容易吃饱。因为生长的需要，也很容易饿。这时候的小胃只能消化奶，不能消化饭和菜。膀胱的大小也跟胃差不多，所以存不了多少尿，一会儿一尿。肺经也较弱，容易出现咳嗽、肺炎、湿疹。如果火大或太寒或维生素缺乏，会导致全身血管脆性增加，容易发生脑出血、胃出血、皮肤出血、尿血、便血等。此时大脑还没发育健全，所以很多功能还没有。

❋ 新生儿怎么吃

母乳：产后 15 分钟到 2 小时内就可以开奶，宝宝吸吮促进乳汁分泌，加快产后宫缩恢复。奶量每次 30~60mL 不等，每次间隔 2~3 小时，每天喂 6~8 次，每天排尿 6 次以上，排便 2~4 次。如果宝妈无法统计奶量，某一天可以把奶挤出来，温一下给宝宝喝，掌握一下一天的奶量。随着宝宝天数和体重的增加，以后逐渐增加奶量，也有胃口大的宝宝，可适当加量。

喂奶粉：按照奶粉说明冲泡。

喂全牛奶：全奶需要稀释，需要加糖，微微有些甜就好，不要太甜。需要熬煮杀菌，晾温了再喝。稀释比例：出生前 2 周，2 份奶 + 1 份水；出生第 3 周，3 份奶 + 1 份水；出生第 4 周，4 份奶 + 1 份水。满一个月后就不用稀释了，喝全奶。

❋ 婴儿身体脏腑特点

1~12 个月为婴儿阶段。身体生长非常迅速，需要大量的营养，但宝宝的消化系统还没有健全，脾胃功能弱，容易出现消化和吸收问题，此时应及时体检，强制性疫苗要接种。出现问题要随时调理。天气允许时接受户外活动。在家不要忘记给宝宝进行推拿调理，如身体前后横搓、胳膊腿来回搓，可促进气血畅通，

令宝宝快速成长。随着宝宝越来越大，脏腑也在变大，奶量增加，水量也增加。

❋ 婴儿每天怎么吃

1个月婴儿奶量	每次喂奶80～120mL，3～4小时喂1次，每天喂奶7次
2～3个月婴儿奶量	每次喂奶100～150mL，3小时喂1次，每天喂奶6次
3～6个月婴儿奶量	4小时喂1次，每天喂4～5次。每次喂奶量：3～5个月每次喂奶150～200mL；5～6个月每次喂奶200～220mL，奶量一天不要超过1000mL。4～5个月开始加喂米粉、米汤辅食。5个月开始只在白天喂奶，断夜奶
6～9个月婴儿奶量	4小时喂1次，每天喂3～4次，每次喂200～220mL。6个月后开始，每天从1/6个鸡蛋羹或鸭蛋羹加起，慢慢增量，到1周岁每天加到2/3个蛋羹。7个月开始，每天加一种菜泥，从一小勺开始加起，逐渐加量，烂烂的粥或烂烂的面条也从几勺加起，加到1周岁时的多半碗。辅食每天吃一次，让宝宝用手练习抓食物吃
9～12个月婴儿奶量	4小时喂1次，每天喂3次，每次喂200～220mL。每天加两次辅食。1周岁可练习自己拿勺子吃饭

✎ 幼儿如何喂养

❋ 幼儿身体脏腑特点

1~3岁为幼儿阶段。此时脾胃更加适合吃饭了，磨牙长出来了，会咀嚼了，当然食物不能太硬。可以独立行走，运动增加，代谢快，容易饿，但吃多了容易积食。

❈ 幼儿每天怎么吃

1~3 岁的幼儿，正常吃三餐，三餐的菜不重复。两餐之间各加一次奶，每次 180~200mL。水果少许，一天一次。晚上过了 7 点不要进食。

✎ 学龄前儿童如何喂养

❈ 学龄前儿童身体脏腑特点

3~6 岁为学龄前阶段。此时身体协调能力越来越好，运动多，时间长，食量明显比幼儿时多，只要根据体质选择饮食，患病频率会大大降低。这时候的宝宝多数时间在幼儿园，家长要根据幼儿园的温度给孩子穿衣，训练宝宝热了自己脱掉外套，感觉有些冷则赶紧加衣服；给宝宝准备汗巾，出汗了自己放到后背衣服里面，不然容易感冒；告诉宝宝在幼儿园刚睡醒时要尽快穿衣服，预防感冒。当然，这对孩子来说有些困难，但也要训练。

❈ 学龄前儿童每天怎么吃

学龄前儿童，正常吃三餐，两餐之间各加一次奶，每次 200mL 左右。水果少许，一天一次。杜绝零食。由于宝宝的体质不同，应

选择适合自己的食物。如热性体质不宜吃热性食物，寒性体质不宜吃寒性食物。不能吃的食物，如果吃了就容易得病，时间久了体质越来越差，影响大脑发育，影响健康成长。

疾病调理篇

张宇小儿推拿方法，不仅对小宝宝的调理效果好，只要辨证对了，就算是大宝宝、成年人、老人、男人、女人，调理效果都很好。如果你的症状跟宝宝的一样，不妨辨证推推，也许会有意想不到的收获。

如何判断体质是寒、是热，还是阴虚，详见推拿篇"推拿辨证分型"。

新生儿疾病调理

✱ 早产低体重儿

妊娠满 28 周、不满 37 周这个区间分娩出生的宝宝，称为早产儿，体重在 1000~2499g 之间。早产儿器官发育不健全，不容易存活。活下来的体质也要比足月儿弱太多，需要精心地护理照顾。

早产的原因：孕妈身体有热病或寒病，情绪激动，受到惊吓，夫妻同房，外伤，或胎儿畸形需要终止妊娠等因素。

根据宝宝不同的体质，分型推拿调理。

（1）实热型

【穴方356】肾水 7 分钟，小天心 7 分钟，每日重复操作，连续推 2 次。

如果是母乳喂养，宝妈忌食热、温、烤、炸、焙烙、燥、干之品，宝宝忌受热。

（2）虚寒型

【穴方357】上三关 7 分钟，补脾土 7 分钟，每日重复操作，

连续推 2 次。

如果是母乳喂养，宝妈忌食生、冷、寒、凉之品，宝宝忌着凉。

✳ 新生儿脑乏氧

新生儿脑乏氧的表现：宝宝刚出生时，脸、全身发青或苍白，不会哭或哭声微弱，或呼吸暂停。多数因为产程过长、难产、接生粗暴、羊水早破或羊水少、脐带绕颈、胎盘老化、胎盘早剥、子宫破裂等引起的胎儿缺氧。脑乏氧轻者，吸氧后没有大碍；重者会危及生命，或留有后遗症（脑性瘫痪）。症状依脑瘫的轻重而有所不同，有的语言障碍，有的肢体运动障碍，有的智力障碍等。

推拿补脑填精调理的最佳时期是 3 周岁以内，其次是 8 周岁以内。这两个时间段是宝宝大脑继续发育改变比较快的时期，通过推拿调理，补足气血，促进康复。8 岁之后推拿，也可以收到一定的效果。如果是先天脑发育不良的宝宝，则要抓住脑发育最快的时期调理为好。脑瘫需要常年坚持推拿调理，期间万一生病要及时调理好，不要影响大脑的气血运行。

根据宝宝不同的体质，分型推拿调理。

(1) 阴虚型

【穴方 358】二人上马 10 分钟，肾水 10 分钟，每日重复操作，连续推 2 次。

如果是母乳喂养，宝妈忌食热、温、烤、炸、焙烙、燥、干之品，宝宝忌受热。

（2）阳虚型

【穴方 359】肾水 12 分钟，上三关 10 分钟，每日重复操作，连续推 2 次。

如果是母乳喂养，宝妈忌食生、冷、寒、凉之品，宝宝忌着凉。

※ 新生儿颅内出血

新生儿颅内出血，多见于先天肝功不全、凝血有问题、脑缺氧、外伤、早产儿等。脑损伤患儿，有的后遗症很轻，有的后遗症较重，死亡率也很高。

表现：嗜睡或昏迷，呼吸快或慢，或呼吸暂停，颅压升高，尖叫，抽搐，眼发直，眼球颤，斜视，瞳孔不等大，肌张力高或低或消失，贫血，黄疸等。CT、MRI 可确诊。早发现、早处理，控制得好，恢复得就好。

西医对症治疗和推拿疗法同时进行，把风险控制到最低。除了外伤，其他原因引起的新生儿颅内出血，多与父母的体质和孕期宝妈的饮食、情志、作息、环境密切相关。

根据宝宝不同的体质，分型推拿调理。

（1）实火型

【穴方 360】下六腑 7 分钟，天河水 7 分钟，每日重复操作，连续推 2~4 次。

如果是母乳喂养，宝妈忌食热、温、烤、炸、焙烙、燥、干之品，宝宝忌受热。

（2）虚寒型

【穴方 361】外劳宫 10 分钟，补脾土 10 分钟，每日重复操

作，连续推 2~3 次。

如果是母乳喂养，宝妈忌食生、冷、寒、凉之品，宝宝忌着凉。

❋ 新生儿呼吸困难

新生儿呼吸困难的表现：宝宝出生后不久，出现呼吸急促，鼻翼扇动，呼气呻吟，吸气时两锁骨窝、胸骨窝、肋骨间隙均凹陷，脸色发青等。除了医院的抢救措施外，配合推拿调理效果很好。

根据宝宝不同的体质，分型推拿调理。

（1）实火型

【穴方362】逆运内八卦10分钟，泻肺金7分钟，每日重复操作，连续推 2~3 次。

如果是母乳喂养，宝妈忌食热、温、烤、炸、焙烙、燥、干之品，宝宝忌受热。

（2）虚寒型

【穴方363】补肺金7分钟，顺运内八卦7分钟，每日重复操作，连续推 2~3 次。

如果是母乳喂养，宝妈忌食生、冷、寒、凉之品，宝宝忌着凉。

❋ 新生儿泪囊堵塞

新生儿泪囊堵塞的表现：流眼泪，有黄眼屎或白眼屎，眼睛红肿等。泪道有先天畸形者，请到医院就诊；若没有畸形，推拿调理效果很好。

根据宝宝不同的体质，分型推拿调理。

（1）实火型

【穴方364】精宁10分钟，肾纹10分钟，每日重复操作，连续推2~3次。涂上润肤露，轻轻上下来回推鼻子两侧10分钟，每日重复操作，连续推2~3次。

如果是母乳喂养，宝妈忌食热、温、烤、炸、焙烙、燥、干之品，宝宝忌受热。

（2）虚寒型

【穴方365】补小肠10分钟，二人上马5分钟，每日重复操作，连续推2~3次。涂上润肤露，轻轻上下来回推鼻子两侧5~10分钟，每日重复操作，连续推2~3次。

如果是母乳喂养，宝妈忌食生、冷、寒、凉之品，宝宝忌着凉。

❈ 新生儿黄疸

新生儿黄疸，化验血清胆红素大于5mg/dL，肉眼可见到宝宝的皮肤、巩膜、小便、大便是黄色的。

有生理性黄疸和病理性黄疸之分。①生理性黄疸：足月儿出生后2~3天出现，2周内消退，早产儿不超过4周消退。②病理性黄疸：出生24小时内出现，足月儿会持续2周以上黄疸，早产儿会持续4周以上黄疸。

除外肝、胆先天畸形需要手术者，其他类型的黄疸除了医院的治疗方法外，推拿效果不错。

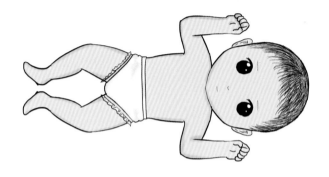

新生儿黄疸

根据宝宝不同的体质，分型推拿调理。

(1) 实火型

【穴方366】清天河水10分钟，二人上马10分钟，每日重复操作，连续推2次。

如果是母乳喂养，宝妈忌食热、温、烤、炸、焙烙、燥、干之品，宝宝忌受热。

(2) 虚寒型

【穴方367】补脾土10分钟，补小肠10分钟，每日重复操作，连续推2次。

如果是母乳喂养，宝妈忌食生、冷、寒、凉之品，宝宝忌着凉。

婴幼儿、学龄前儿童疾病调理

✷ 厌奶、厌食

表现：宝宝出生后不会张嘴吸吮，有的宝宝张嘴吸奶也吸不住，嘴没有力气，或者就是睡觉，没有要吃奶的反应。长时间不吃奶会导致低血糖，大脑受损，影响发育。早产儿、脑乏氧、先天性脑发育不良、胎寒、胎热等都可引起。

根据宝宝不同的体质，分型推拿调理。

（1）实火型

【穴方368】泻新四横纹7分钟，合谷10分钟，每日重复操作，连续推2~3次。

如果是母乳喂养，宝宝、妈妈都要忌食热、温、烤、炸、焙、烙、燥、干之品，忌受热。

（2）虚寒型

【穴方369】补板门10分钟，外劳宫10分钟，每日重复操作，连续推2~3次。

如果是母乳喂养，宝宝、妈妈都要忌食生、冷、寒、凉之品，宝宝忌着凉。

✷ 先天性斜颈

表现：胸锁乳突肌在脖子两侧，左、右各1条，宝宝出生后头歪向有病的一侧，且该侧的胸锁乳突肌摸起来有肿块。下颌歪

向没有病的那一侧。随着宝宝长大，病情会越来越严重。脸或头左右不对称，双侧颈部不对称。

发病原因：外伤的除外，多因宝妈怀孕时喜欢一侧躺着睡觉所致。孕期真的非常重要，请宝妈每天睡觉时勤换体位，不要被所谓睡哪边好的理论误导，把宝宝睡出斜颈或身体其他部位变形。躺着那一侧会有压力作用，即羊水压力作用于胎儿，胎儿是很娇嫩的，受到压力后器官组织会变形，所以宝妈要加倍小心。

宝宝出生后，早点观察宝宝睡觉时是否喜欢偏向一侧，早发现胸锁乳突肌包块，早点推拿调理，恢复得好（颈部畸形严重者除外）。

先天性斜颈

分型推拿调理

根据宝宝不同的体质，分型推拿调理。

（1）阴虚型

【穴方 370】小天心 7 分钟，肾水 10 分钟，每日重复操作，连续推 2 次。

如果是母乳喂养，宝宝、妈妈都要忌食热、温、烤、炸、焙、烙、燥、干之品，忌受热。

（2）虚寒型

【穴方 371】补脾土 8 分钟，上三关 8 分钟，每日重复操作，连续推 2 次。

如果是母乳喂养，宝宝、妈妈都要忌食生、冷、寒、凉之品，宝宝忌着凉。

局部按摩手法

方法 1

【穴方 372】涂上润滑剂，在患侧胸锁乳突肌处上下来回按揉 15 分钟，每日早、中、晚各 1 次。或在患处肌肉上逐段按揉，每一段按揉 15 分钟，每日早、中、晚各 1 次。

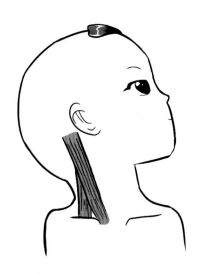

斜颈按摩方法 1

方法 2

【穴方 373】一只手按住患处肩膀，另一只手按住患侧头部，向健侧牵拉锻炼胸锁乳突肌，每次牵拉到让健侧耳垂碰到健侧肩膀为度，拉一下持续停留 3 秒，再放松，恢复到牵拉前的位置，接着再牵拉持续 3 秒，再回位，这样反复牵拉 15 分钟，每日早、中、晚各 1 次。

斜颈按摩方法 2

方法 3

【穴方 374】一只手按住患处肩膀，另一只手按住头部，使下颌转向患侧，脸跟肩在同一个方向，转一下持续停留 3 秒，再放松，恢复到转动前的位置，接着再转动持续 3 秒，再回位，这样反复转动 15 分钟，每日早、中、晚各 1 次。

斜颈按摩方法 3

✺ 湿 疹

湿疹，有的在胎儿时期出现，多因宝妈孕期摄入过多的发物或寒凉之品所致。有的出生后一个月内或几个月后出现湿疹，多因哺乳妈妈摄入过多的发物或寒凉之品所致，吃奶粉的宝宝跟捂多和宝妈孕期吃的食物有关。另外，也跟父母的经络不正常遗传给宝宝有关，如果宝宝的经络不调理正常，还会继续遗传给下一代。

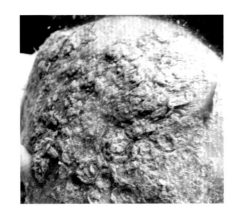

湿疹1

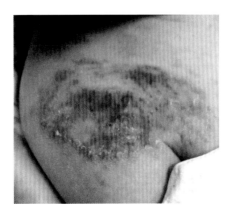

湿疹2

根据宝宝不同的体质，分型推拿调理。

(1) 实火型

【穴方375】泻板门10分钟，下六腑7分钟，每日重复操作，连续推2次。

如果是母乳喂养，宝宝、妈妈都要忌食热、温、烤、炸、焙烙、燥、干之品，忌受热。

（2）虚寒型

【穴方376】补肺金10分钟，补脾土7分钟，每日重复操作，连续推2次。

如果是母乳喂养，宝宝、妈妈都要忌食生、冷、寒、凉之品，宝宝忌着凉。

✹ 发育迟缓

发育迟缓分四种情况：一是身高、体重明显低于同龄儿；二是身高、体重正常，智商低于同龄儿；三是身高、体重正常，运动功能明显落后于同龄儿；四是身高、体重正常，不与人交流、交往，自闭，胆子特别小等。不管是哪一种表现，都与身体脏腑气血运行异常有关。对上证，早调理，选对食物，恢复得好。

根据宝宝不同的体质，分型推拿调理。

(1) 有火型

【穴方377】新四横纹10分钟，肾水10分钟，每日重复操作，连续推2次。

如果是母乳喂养，宝宝、妈妈都要忌食热、温、烤、炸、焙烙、燥、干之品，忌受热。

（2）虚寒型

【穴方378】补肺金10分钟，肾水10分钟，每日重复操作，连续推2次。

如果是母乳喂养，宝宝、妈妈都要忌食生、冷、寒、凉之品，宝宝忌着凉。

✳ 咳 嗽

引起咳嗽的原因很多，如外部邪气感染，内部心、肝、脾、肺、肾等经络紊乱等。不管是什么原因，只要产生的结果符合有热的证，或符合有寒的证，判断分析，分型推拿，加上正确选择食物，也就是不吃那些与自己体质相斥的食物，克制一下（忌口），非但不缺营养，还能康复得快。

根据宝宝不同的体质，分型推拿调理。

（1）体热型

【穴方379】逆运内八卦15分钟，下六腑5分钟，每日重复操作，连续推2次。

如果是母乳喂养，宝宝、妈妈都要忌食热、温、烤、炸、焙烙、燥、干之品，忌受热。

（2）虚寒型

【穴方380】顺运内八卦10分钟，补板门10分钟，每日重复操作，连续推2次。

如果是母乳喂养，宝宝、妈妈都要忌食生、冷、寒、凉之品，宝宝忌着凉。

❋ 发 烧

发烧只是一个症状，很多原因都可以引起发烧。首先要看有没有感冒，有没有接触到传染源，哺乳妈妈或宝宝近期有没有吃热性食物，或有没有吃寒凉的食物等。不管是感受热邪还是寒邪，都会引起发烧。通常宝宝烧退后容易出现咳嗽、睡眠不好。积食引起的发烧，退热后还会出现呕吐、腹泻等症（脱水的请及时就医补液），可根据实际情况辨证推拿调理。

根据宝宝不同的体质，分型推拿调理。

（1）实火型

【穴方381】下六腑10分钟，二扇门10分钟，每日重复操作，连续推2~3次。

如果是母乳喂养，宝宝、妈妈都要忌食热、温、烤、炸、焙烙、燥、干之品，忌受热。

（2）虚寒型

【穴方382】一窝风10分钟，上三关10分钟，每日重复操作，连续推2~3次。

如果是母乳喂养，宝宝、妈妈都要忌食生、冷、寒、凉之品，宝宝忌着凉。

❋ 积 食

积食，是指吃多、吃杂伤了脾胃之后出现的症状。表现为食欲不振、呕吐、腹泻、发烧、便秘、睡眠不安或惊叫等，拖延时间久了，影响孩子的发育。

根据宝宝不同的体质，分型推拿调理。

（1）有火型

【穴方383】逆运内八卦10分钟，泻新四横纹10分钟，每日重复操作，连续推2次。

如果是母乳喂养，宝宝、妈妈都要忌食热、温、烤、炸、焙烙、燥、干之品，忌受热。

（2）虚寒型

【穴方384】清新四横纹7分钟，补脾土10分钟，每日重复操作，连续推2次。

如果是母乳喂养，宝宝、妈妈都要忌食生、冷、寒、凉之品，宝宝忌着凉。

✳ 腹 泻

正常大便是条状软便，稍稍有一点硬，没有肛裂，不作病论。便次1天1~2次，或2天1次，均属正常范围。腹泻，是指长期的每天便次多，或突然的便次多。有的是因为妈妈体质原因乳汁不适合宝宝的脾胃，或哺乳妈妈吃了跟宝宝体质相斥的食物，或喂食跟宝宝体质相斥的食物，或因宝宝吃多吃杂、患有其他疾病等引起。

根据宝宝不同的体质，分型推拿调理。

（1）胃肠热型

【穴方385】泻大肠10分钟，泻小肠15分钟，每日重复操作，连续推2~4次。

如果是母乳喂养，宝宝、妈妈都要忌食热、温、烤、炸、焙烙、燥、干之品，忌受热。

（2）胃肠寒型

【穴方386】顺运内八卦10分钟，补脾土10分钟，每日重复操作，连续推2次。

如果是母乳喂养，宝宝、妈妈都要忌食生、冷、寒、凉之品，宝宝忌着凉。

✳ 呕 吐

宝宝吃多、吃杂，吃的食物太热或太寒，或其他疾病累及等，都能引起呕吐。

根据宝宝不同的体质，分型推拿调理。

（1）胃热型

【穴方387】逆运内八卦10分钟，合谷10分钟，每日重复操作，连续推2次。

如果是母乳喂养，宝宝、妈妈都要忌食热、温、烤、炸、焙烙、燥、干之品，忌受热。

（2）胃寒型

【穴方388】外劳宫10分钟，顺运内八卦10分钟，每日重复操作，连续推2次。

如果是母乳喂养，宝宝、妈妈都要忌食生、冷、寒、凉之品，宝宝忌着凉。

☀ 汗多

小宝宝微汗正常，大汗不正常，汗出久了会变为阴虚体质。不管是热性体质还是寒性体质，都会出现睡觉时或稍微活动后汗多的现象，或因为某次生病后没有及时调理而致汗多，分型推拿调理一段时间会好。

根据宝宝不同的体质，分型推拿调理。

（1）体热型

【穴方389】下六腑10分钟，肾顶10分钟，每日重复操作，连续推2次。

如果是母乳喂养，宝宝、妈妈都要忌食热、温、烤、炸、焙烙、燥、干之品，忌受热。

（2）体寒型

【穴方390】补肺金10分钟，肾顶10分钟，每日重复操作，连续推2次。

如果是母乳喂养，宝宝、妈妈都要忌食生、冷、寒、凉之品，宝宝忌着凉。

附篇

常见食物属性表

根据体质选择适合自己的食物，才会吃出健康。体质热者，选择偏寒凉或中性的食物；体质寒者，选择偏温热或中性的食物。

常见食物属性表

	温热性	寒凉性	中性
粮食类	小麦面粉、高粱、糯米、西米、大黄米、紫米、黑米、莲子、黄豆及油炸、烘烤、煎、焙烤食物等	荞麦、大米、小米、大麦、青稞、绿豆、薏米等	玉米、红薯、芋头、黑豆、白芸豆、赤小豆等
蔬菜类	辣椒、姜、胡萝卜、白扁豆、芥菜、韭菜、香菜、韭黄、南瓜、大蒜、蒜薹、葱、蒜苗、熟藕、香椿、四季豆、洋葱等	豆腐、大白菜、萝卜、生藕、苦瓜、茄子、紫菜、蘑菇、土豆、竹笋、茼蒿菜、菠菜、油菜、西红柿、黄豆芽等、冬瓜、黄瓜、丝瓜、海带、绿豆、空心菜、小白菜、花菜等	卷心菜、姜豆、耳、银耳、毛豆、胡芦、莲藕等、山药、扁豆等
动物类	鸡肉、牛肉、鹅蛋、海虾或河虾、鱼、羊肉、黄鳝、猪肝、蟹、海参等、狗肉、雀肉、鲫鱼、海鱼或河	乌鸡肉、鸭肉、马肉、鸡蛋白、青鱼等、鸭蛋、蛤蚌、兔肉、动物血、鸡	猪肉、鸽蛋、燕窝、鹅肉、鹤鹑蛋、牡蛎等、鸽子肉、鹤鹑肉
水果类	荔枝、柠檬、桃、车厘子、金橘、橄榄、龙眼、杏、李子、芒果、波萝、槟榔、梅、榴莲、木瓜、山楂果等、橘子、石榴	火龙果、梨、柑、柚子、罗汉果、香瓜、香蕉、柿子、猕猴桃、桑椹、生荸荠等、苹果、西瓜、百合、红毛丹、杨桃	椰子、甘蔗、梅、银杏、芡实、海棠梨、葡萄、枇杷、荠

续表

	温热性	寒凉性	中性
干果类	栗子、葵花子、荔枝干、桂圆干、巧克力、核桃仁、无花果、炒花生、大枣	—	生的花生、榛子、松子、南瓜子、西瓜子、橄榄
调味品	黄豆油、酒、醋、茴香、胡椒、红糖、花椒、桂花、咖喱粉、孜然、大料、玫瑰花、紫苏	酱、豆豉、食盐、腐乳、酱油、冰糖、白糖	芝麻（酱）
饮品	红茶、咖啡、黄酒、白酒、可可粉、蜂蜜（热性植物的蜜）、茉莉花茶、乳汁（生热性食物者乳汁热气、吃热性食物者乳汁热）	绿茶、菊花茶、寒性水果的果汁、纯牛奶、纯羊奶、豆浆、蜂蜜（寒性植物的蜜）、乳汁（吃寒凉食物者乳汁凉）	乳汁（心情平和、吃中性食物者乳汁平）
入药食物	艾叶、附子、人参、黄芪、砂仁、吴茱萸、五味子、桂枝、肉桂、川芎、白术、益智仁、紫苏、麝香、当归、丁香、鹿茸、藿香、沉香、橘皮、薄荷、天麻、防风、桔梗、乌梅、神曲、紫河车、藿香等	百合、槐花、柴胡、麦冬、芍药、苦参、升麻、黄连、滑石、石膏、海藻、沙参、丹参、芦荟、竹沥、羚羊角、茵陈、竹叶、龙胆草、枸杞子、蒲公英、黄精、石斛等	甘草、桃仁、枇杷叶、芡实等

宝宝出生后到 12 岁体重、身高表

宝宝出生后到2岁体重、身高表

年龄	男宝体重（kg）	女宝体重（kg）	男宝身高（cm）	女宝身高（cm）
1月	2.9～3.8	2.7～3.6	48.2～52.8	47.7～52.0
2月	4.3～6.0	4.0～5.4	55.5～60.7	54.4～59.2
3月	5.0～6.9	4.7～6.2	58.5～63.7	57.1～59.5
4月	5.7～7.6	5.3～6.9	61.0～66.4	59.4～64.5
5月	6.3～8.2	5.8～7.5	63.2～68.6	61.5～66.7
6月	6.9～8.8	6.3～8.1	65.1～70.5	63.3～68.6
8月	7.8～9.8	7.2～9.1	68.3～73.6	66.4～71.8
10月	8.6～10.6	7.9～9.9	71.0～76.3	69.0～74.5
12月	9.1～11.3	8.5～10.6	73.4～78.8	71.5～77.1
15月	9.8～12.0	9.1～11.3	76.6～82.3	74.8～80.7
18月	10.3～12.7	9.7～12.0	79.4～85.4	77.9～84.0
21月	10.8～13.3	10.2～12.6	81.9～88.4	80.6～87.0
2岁	11.2～14.0	10.6～13.2	84.3～91.0	83.3～89.8

宝宝2岁到12岁体重、身高计算方法

体重（kg）	身高（cm）
体重计算方法（2～12岁）： 平均体重＝年龄×2＋8 平均体重计算方法：5个月是刚出生时的2倍；1岁是刚出生时的3倍；2岁是刚出生时的4倍	身高计算方法（2～12岁）： 平均身高＝年龄×5＋80

 宝宝头围表

宝宝头围表（男宝）

年龄	新生儿	30天	60天	90天	120天	150天	180天	240天	300天	360天	540天
头围（cm）	34.3	38.1	39.7	41.0	42.0	42.9	43.9	44.9	45.7	46.3	47.3

宝宝头围表（女宝）

年龄	新生儿	30天	60天	90天	120天	150天	180天	240天	300天	360天	540天
头围（cm）	33.7	37.3	38.7	40.0	41.0	41.9	42.8	43.7	44.5	45.2	46.2

宝宝胸围表

宝宝胸围表（男宝）

年龄	新生儿	30天	60天	90天	120天	150天	180天	240天	300天	360天	540天
胸围（cm）	32.8	37.9	40.0	41.3	42.3	42.9	43.8	44.7	45.4	46.1	47.6

宝宝胸围表（女宝）

年龄	新生儿	30天	60天	90天	120天	150天	180天	240天	300天	360天	540天
胸围（cm）	32.6	36.9	38.9	40.3	41.1	41.9	42.7	43.4	44.2	45.0	46.6

宝宝出生后意识、动作、语言发育参照表

宝宝出生后意识、动作、语言发育参照表

1个月	会哭；胳膊会动，腿会蹬，无意识动作；对声音有反应
2个月	逗他会笑，会发声；眼睛会跟着物品移动，可以主动注视物体，会找声音；抱起来能竖头，趴着也能抬头；认识妈妈了
3个月	自己咿咿呀呀讲话；手可以握住递给他的东西；时常看自己的手，有的会吃手；头转动灵活；会翻身了；会伸手让抱
4个月	有意识哭或笑；很活泼；看见奶瓶很高兴；手主动拿玩具等；趴着可以抬起前胸；没人陪伴会喊人了；扶着会坐、会蹦跳；扶着站会迈步
5个月	偶尔发出单字音；能分清楚家人的声音；对颜色比较敏感；跟大人互动得很开心；可以两只手分别抓住物体；搬脚、吃自己的脚；扶着腋下会蹦跳，站得很稳；会自己抱奶瓶喝奶了
6个月	会不停地无意识说"叭叭叭"等；能很好地摇动玩具；拇指、食指拿捏东西，可以独立坐着；认生，害怕陌生人
7个月	会不停地无意识说"嘛嘛嘛"等；可以很好地玩玩具；开始长牙了；会无意识地喊"爸爸、妈妈"等；玩捉迷藏眼睛会找人了；会用哭有意识地表达喜怒
8个月	会跟着学说单字；会拍手表达高兴；双手握力比较好，扶着栏杆能站起来；会爬了；个别的宝宝会走
9个月	会有意识地说单字；精细动作好，会拿捏很小的东西；知道哪里是自己的眼睛、鼻子、嘴等；会再见的动作，明白常见的指令；会模仿大人的动作；想练习独立站
10个月	会有意识地叫爸爸妈妈了，会说两个字；能独立站一会儿；推着车子、扶着可以走了
11～12个月	可以自己拿勺子吃饭；会看书，会走路；能弯腰捡东西；会说几个字；会叫物品简单名字；穿衣有合作

15个月	能说词组了；走路很好，可以蹲着玩耍；能插或搭简单积木；能明确表达意愿；能叫出家里人的名字
18个月	能说句子，很好背诵；白天知道主动大小便；自己独立上下楼梯；会做扔球等运动
2岁	会唱歌，数数，认色；会很好地理解故事情节；能跑了；知道摆放物品，也知道物品是谁的
3岁	会涂色，会描画；会自己讲故事；会骑三轮车；会洗手、洗脸、穿衣服、穿鞋；会自己上厕所、擦屁屁；善于表演
4岁	会自己玩滑梯，荡秋千；会画画，认字；会想象搭积木；喜欢新鲜事物，好发问；能讲述一天中发生的事情，吃的什么东西，知道自己想吃什么
5岁	会写字，会算题；会系鞋带；会判断行为对错；会做手工；会参与劳动
6岁	中午不睡午觉了，准备入小学；能坐住，注意力集中；运动量增加；胃肠功能提高；自尊心强

育儿必知

穴方汇总表

本书穴方汇总表（356~390号）

【穴方356】	肾水7分钟，小天心7分钟，每日重复操作，连续推2次
【穴方357】	上三关7分钟，补脾土7分钟，每日重复操作，连续推2次
【穴方358】	二人上马10分钟，肾水10分钟，每日重复操作，连续推2次
【穴方359】	肾水12分钟，上三关10分钟，每日重复操作，连续推2次
【穴方360】	下六腑7分钟，天河水7分钟，每日重复操作，连续推2~4次
【穴方361】	外劳宫10分钟，补脾土10分钟，每日重复操作，连续推2~3次
【穴方362】	逆运内八卦10分钟，泻肺金7分钟，每日重复操作，连续推2~3次
【穴方363】	补肺金7分钟，顺运内八卦7分钟，每日重复操作，连续推2~3次
【穴方364】	精宁10分钟，肾纹10分钟，每日重复操作，连续推2~3次
【穴方365】	补小肠10分钟，二人上马5分钟，每日重复操作，连续推2~3次
【穴方366】	清天河水10分钟，二人上马10分钟，每日重复操作，连续推2次
【穴方367】	补脾土10分钟，补小肠10分钟，每日重复操作，连续推2次
【穴方368】	泻新四横纹7分钟，合谷10分钟，每日重复操作，连续推2~3次
【穴方369】	补板门10分钟，外劳宫10分钟，每日重复操作，连续推2~3次

【穴方370】	小天心7分钟，肾水10分钟，每日重复操作，连续推2次
【穴方371】	补脾土8分钟，上三关8分钟，每日重复操作，连续推2次
【穴方372】	涂上润滑剂，在患侧胸锁乳突肌处上下来回按揉15分钟，每日早、中、晚各1次。或在患处肌肉上逐段按揉，每一段按揉15分钟，每日早、中、晚各1次
【穴方373】	一只手按住患处肩膀，另一只手按住患侧头部，向健侧牵拉锻炼胸锁乳突肌，每次牵拉到让健侧耳垂碰到健侧肩膀为度，拉一下持续停留3秒，再放松，恢复到牵拉前的位置，接着再牵拉持续3秒，再回位，这样反复牵拉15分钟，每日早、中、晚各1次
【穴方374】	一只手按住患处肩膀，另一只手按住头部，使下颌转向患侧，脸跟肩在同一个方向，转一下持续停留3秒，再放松，恢复到转动前的位置，接着再转动持续3秒，再回位，这样反复转动15分钟，每日早、中、晚各1次
【穴方375】	泻板门10分钟，下六腑7分钟，每日重复操作，连续推2次
【穴方376】	补肺金10分钟，补脾土7分钟，每日重复操作，连续推2次
【穴方377】	新四横纹10分钟，肾水10分钟，每日重复操作，连续推2次
【穴方378】	补肺金10分钟，肾水10分钟，每日重复操作，连续推2次
【穴方379】	逆运内八卦15分钟，下六腑5分钟，每日重复操作，连续推2次
【穴方380】	顺运内八卦10分钟，补板门10分钟，每日重复操作，连续推2次
【穴方381】	下六腑10分钟，二扇门10分钟，每日重复操作，连续推2～3次
【穴方382】	一窝风10分钟，上三关10分钟，每日重复操作，连续推2～3次

续表

【穴方383】	逆运内八卦10分钟，泻新四横纹10分钟，每日重复操作，连续推2次
【穴方384】	清新四横纹7分钟，补脾土10分钟，每日重复操作，连续推2次
【穴方385】	泻大肠10分钟，泻小肠15分钟，每日重复操作，连续推2~4次
【穴方386】	顺运内八卦10分钟，补脾土10分钟，每日重复操作，连续推2次
【穴方387】	逆运内八卦10分钟，合谷10分钟，每日重复操作，连续推2次
【穴方388】	外劳宫10分钟，顺运内八卦10分钟，每日重复操作，连续推2次
【穴方389】	下六腑10分钟，肾顶10分钟，每日重复操作，连续推2次
【穴方390】	补肺金10分钟，肾顶10分钟，每日重复操作，连续推2次